航线运输飞行员理论培训教材

# 飞机重量与平衡

总 主 编：沈泽江 孙 慧

本册主编：王 可

本册副主编：隆 攀

大连海事大学出版社
DALIAN MARITIME UNIVERSITY PRESS

图书在版编目(CIP)数据

飞机重量与平衡 / 王可主编. — 大连 ：大连海事
大学出版社，2017.6
 航线运输飞行员理论培训教材 / 沈泽江,孙慧总主
编

 ISBN 978-7-5632-3501-8

 Ⅰ . ①飞… Ⅱ . ①王… Ⅲ . ①飞机—载荷计算—技术
培训—教材 Ⅳ . ①V217

 中国版本图书馆 CIP 数据核字(2017)第 139186 号

**大连海事大学出版社出版**

地址:大连市凌海路 1 号　 邮编:116026　 电话:0411-84728394　 传真:0411-84727996
http://www.dmupress.com　 E-mail:cbs@dmupress.com
大连海大印刷有限公司印装　　　　　　　　　 大连海事大学出版社发行

| 2017 年 6 月第 1 版 | | 2017 年 6 月第 1 次印刷 |
| --- | --- | --- |
| 幅面尺寸:210 mm × 285 mm | 印张: 10.75 | 字数: 294 千 |

出 版 人:徐华东
策　 划:徐华东　孟　冀　王尚楠　　　　　 执行编辑:董洪英　张　华　王　琴
责任编辑:董洪英　　　　　　　　　　　　 责任校对:张　华
封面设计:解瑶瑶　　　　　　　　　　　　 版式设计:孟　冀　解瑶瑶

ISBN 978-7-5632-3501-8　　　　　　　　　　　　　　　　　　 定价:75.00 元

# 序

中国民航飞行员协会与美国杰普逊公司北京代表处以及大连海事大学出版社合作,编译出版了中国航线运输飞行员理论培训教材,共15本。本系列教材包括飞行原理、航空气象、人的因素、运行程序等与航线飞行有关的各个方面,并配有大量清晰的多为彩色的插图和表格。这是一套针对航线飞行员编写的十分有益的理论学习教材。中国民航飞行员协会盛彪副理事长邀我作序,我欣然接受。

作为一名已经退休的老飞行员,看到中国民航的机队快速发展,一批又一批新飞行员健康、快速地成长,我发自内心地感到十分欣慰。

回顾自己的飞行经历以及近几年国际运输航空几次大的空难事故,我深感理论学习在航线飞行员成长过程中的必要性与重要性。这套教材的面世,可谓是恰逢其时。

我们这一代飞行员,在机型理论学习上的经历可谓"冰火两重天"。20世纪60年代开始学习飞行时,正值"文化大革命","火烧蓝皮书"风行一时,我甚至是一天理论都没有学就上飞机开始训练了。"文革"后期已经当了几年飞行教员的我,仅去广汉校部补了三个月的理论课。20世纪70年代末,改装"伊尔14"时我是在广汉校部学的理论,历时三个月。20世纪80年代初改装"三叉戟"时我去北京管理教导队学习理论,又是历时三个多月,经历了五次考试,几乎能够背下来飞机所有的油路、电路等。1985年去波音公司改装波音737,第一次接触幻灯片教学,很新鲜,理论学习的时间也不长,约三周时间,也不考试,就是做了一些选择题而已,当时感觉西方的改装机型理论学习比较实用。后来又有了"柏拉图"(应该是CBT教学的前身),1996年改装波音777时已全部是CBT教学。现在已发展到在网上CBT,自学70余个课时即可。现在回过头来看,两种不同的理论学习方法、考试方法虽然是各有千秋,但西方的理论学习是建立在学员之前有较深厚的基础知识功底,之后又能认真阅读相关手册、资料之上的。而我们在这之前、之后两个阶段都有不小差距,我们的教育方式基础是学生听老师讲,学生记笔记,不太善于自学。不少飞行员在改装结束之后,尤其是当了机长,仅有的理论书、手册也都"刀枪入库,马放南山"了。选择题形式的考试,使学员的理论知识连不成系统,有点支离破碎。我们这方面的教材也很缺乏,尤其是针对大型喷气运输飞机的。飞行干部、飞行员都飞得十分繁忙,无暇参加理论知识的学习。各类手册不少,真正反复阅读并真正读懂的飞行员并不多。法航447航班的事故调查报告中有这样一段话:"仅凭失速警告和抖动想让飞行员意识到失速是很难的,这就要求飞行员之前有足够的失速经验,仅对情景、飞机知识(飞机的各种保护模式)以及飞行特性有最基本的认识是远远不够的。但航空公司飞行员当前培训情况的检查结果表明,飞行员并没有掌握保持这种技能。"波音的飞行机组训练手册中指出:"基础的空气动力知识是最重要的,以及对飞机各系统的综合认识下的飞机操纵特点,是处理飞机特殊情况的关键。"

1989年7月19日,阿尔·海恩机长处理DC-10飞机故障的成功案例,以及近年发生的OZ214、QZ8501、EK521事故,从正反两方面证明了理论知识学习的重要性。希望飞行员们认真查看上面的事故和事故调查报告。

希望这套书的面世,能为飞行员们提供自学的途径。飞行是飞行员一生的职业,保证航空安全不仅是为自己和家人负责,更是为机上那么多乘客负责。保证航空安全是我们的最高职责。

我翻译的萨利机长的《将飞机迫降在哈德逊河上》一书中的第19章,有这样一段话,我想把它作为序的结尾:

"在过去的42年中,我飞过成千上万个航班,但我在其中一次的表现却决定了人们如何对我整个飞行生涯做出评价。这一点告诉我:我们必须尽力每时、每次、每件事都要做对,还要努力做到最好,因为我们不知道生命中的哪一个瞬间会决定对我们一生的评价。机遇总是留给那些有准备的人。"

杨元元
2017年6月

## 航空气象

- 大气环境
- 风
- 热力学
- 云和雾
- 降水
- 气团与锋面
- 气压系统
- 气候学
- 危险天气下的飞行
- 气象信息

## 通用导航

- 导航基础
- 磁场
- 罗盘
- 航图
- 推测导航
- 空中导航
- 惯性导航系统（INS）

## 无线电导航

- 无线电设备
- 区域导航系统
- 无线电传播基础理论
- 雷达的基本原理
- 自主导航系统和外部导航系统

## 飞机结构与系统

- 机身
- 窗户
- 机翼
- 安定面
- 起落架系统
- 飞行操纵系统
- 液压系统
- 气源系统
- 空调系统
- 增压系统
- 除冰/防冰系统
- 燃油系统

## 动力装置

- 活塞发动机
- 喷气发动机
- 螺旋桨
- 辅助动力装置（APU）

## 航空电气

- 直流电
- 交流电
- 蓄电池
- 磁学
- 交流/直流发电机
- 半导体
- 电路

## 航空法规

**12**

## 人的因素

**13**

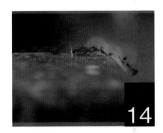

## 运行程序

**14**

## 通信

**15**

# 目 录

## 第五章
## 飞机称重与地板承重

## 第六章
## 重量移动和重量增减

## 第七章
## 平均空气动力弦

## 第八章
## JAR-OPS 1的要求

### 第九章
### 单发活塞飞机和多发活塞飞机的舱单

### 第十章
### 中程喷气运输机的舱单

一架PA31飞机于加勒比海某海岛上起飞不久后坠毁。飞行员丧生。飞机上装载了一整舱明虾。

随后的事故调查发现飞行员了解并且监督了货物的装载。货物分为若干箱,且各箱货物重量大小均被标注在箱子上。飞行员虽然在舱单上签了字,但是货舱中并没有使用集装网对货物进行固定。

货物实际重量并没有超过舱单上的货舱装载限重,此次飞机失事看起来并非由于超载所致。由于货舱中没有使用集装网,所以调查人员认为货舱内货物重量分布不均可能是导致此次事故的主要原因。在飞机起飞时,未固定的货物向后移动,使飞机重心过于靠后,导致飞机机头急剧上仰,最终失速坠毁。

随着事故调查组工作的进一步展开,调查人员对比了舱单上的重量和箱子上的标注重量,结果发现为保证明虾在运输途中的新鲜和不出现死亡,需要在箱中添加碎冰用以防止明虾变质。而标注在箱子上的数字只是明虾的实际重量,并没有计入碎冰的重量。

因此,飞行员也忽视了冰的重量。而当调查组勘查坠毁地点时,这些冰早就融化并蒸发,导致调查人员在调查初期并没有发现这一问题所在。

至此,飞机坠毁的原因终于真相大白,起飞时飞机的重量超标才是罪魁祸首。飞机起飞后不久就在重量超载和重心超限的双重作用之下失速坠毁。鉴于这一原因,保险公司合理拒绝了飞机运营人的赔偿要求。

# 第一章
# 飞机重量与平衡概述

## 概述

在联合航空条例(JAR, Joint Aviation Rules)的考试内容中,重量与平衡科目主要针对飞机的配载操作。其目的是确保在飞机的实际装载过程中,不会出现超载或装载错误的情况。

在JAR大纲和考试中,重量与平衡科目是从属于飞机飞行性能与计划的一个独立章节。除了重量与平衡的知识以外,飞机飞行性能与计划还涉及飞行原理、飞行性能和飞行计划等相关内容。

该书将着重阐述重量与平衡的基本原理和相关名词定义,为读者提供考前准备。该书在使用过程中,需要结合《英国航空管理局配载平衡手册》(CAP 696, Civil Aviation Publication 696),即JAR考试的配载手册相关内容。该书为熟悉CAP 696的具体内容和结构提供引导与帮助,这样将更加有利于在考试过程中迅速而准确地找到相关数据并计算出答案。

## CAP 696——JAR 飞行员执照考试配载手册

该手册分为4部分:

**第一章**:概述
**第二章**:单发活塞式螺旋桨飞机重量平衡数据 (SEP1)
**第三章**:多发活塞式螺旋桨飞机重量平衡数据 (MEP1)
**第四章**:多发中程喷气式运输机重量平衡数据 (MRJT1)

请注意,该手册中的相关机型数据只供考试使用,不能用于实际飞行计划的制订。

**第一章**(概述 第1页至第6页)

**机型描述**

机型描述涉及在JAR考试中所出现的不同级别飞机的一般介绍。

SEP1——单发活塞式螺旋桨飞机

使用单台活塞发动机的飞机均依据CS 23(轻型飞机)进行认证。凡是最大起飞重量不超过5 700 kg,并且采用活塞发动机提供动力的飞机,均被划分到JAR性能级别中的B级。关于这一类飞机的重量与平衡、飞行计划和飞行性能的考核内容,均参照SEP1。

MEP1——多发活塞式螺旋桨飞机

具有多台活塞发动机的飞机均依据CS 23(轻型飞机)进行认证。凡是最大起飞重量不超过5 700 kg

的飞机,均被划分到JAR性能级别中的B级。关于这一类飞机的重量与平衡、飞行计划和飞行性能的考核内容,均参照MEP1。

### MRJT1——多发中程喷气式运输机

具有两台涡轮发动机的中等航程运输机均依据CS 25(大型飞机)进行认证,并被划分到JAR性能级别中的A级。关于这一类飞机的重量与平衡、飞行计划和飞行性能的考核内容,均参照MRJT1。

### 术语

大多数术语在CAP 696中第一章(概述第2页至第3页)给出。这部分内容有助于读者快速解答问题,非常重要。请注意,在CAP 696中术语分为两种形式:

➤ 如果术语是正常字体,说明它可以在ICAO或JAA的文档中找到。
➤ 如果术语是斜体,说明它并非ICAO或JAA的内容,但在实际中被普遍使用。

该书中所有的参考引用均会标注出对应在CAP 696中的详细页码和所属段落标题。

### 量纲换算(第一章 概述 第4页)

本书所有的量纲换算和数值计算一律精确到小数点后三位。

在JAA考试中,虽然所有的计算都可以通过CRP-5迅速得到结果,但是在进行重量与平衡相关的计算时还是推荐使用计算器。这样一来,无论是整数计算还是精确到小数点后两位的数值计算,都能够保证计算结果的准确性。在计算中,如果进行数据换算的时候需要精确到小数点后三位,那么在得出最后计算结果的时候可以四舍五入精确到小数点后两位。考试中所有的备选答案均按小数点后两位甚至更少位数的形式给出。

下列物理量纲换算摘自CAP 696附录。

表1-1 量纲换算

| 量纲换算 CAP 696(第一章 概述) | |
| --- | --- |
| **质量换算** | **CAP 换算因子** |
| 磅 到 千克 | 1 lb = 0.454 kg |
| 千克 到 磅 | 1 kg = 2.205 lb |
| **体积(液体)** | |
| 英加仑 到 升 | 1 Imp Gal = 4.546 L |
| 美加仑 到 升 | 1 US Gal = 3.785 L |
| **长度** | |
| 英尺 到 米 | 1 ft = 0.305 m |
| **距离** | |
| 海里 到 米 | 1 NM = 1 852.0 m |

**注意,**表中最后两个量纲的使用可进一步参考 CAP 696 文档。

部分未直接给出的量纲关系:

100 cm = 1 m

1 ft = 12 in

1 t = 1 000 kg

● 练习1

参考答案见本章末。

1. 将 4 300 kg 换算为磅(lb)。

2. 将 35 ft 换算为米(m)。

3. 将 5.76 m 换算为英尺(ft)。

## 体积和质量换算

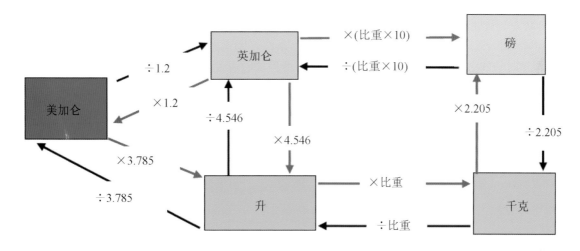

图1-1　体积与质量单位换算

液体的体积通常有三种表示方法:英加仑(Imp Gal)、美加仑(US Gal)、升(L)。其中,英加仑与美加仑之间的换算关系需要重点掌握。

1 Imp Gal 比 1 US Gal 的体积大,1 Imp Gal 等于 1.2 US Gal。将英加仑转换为美加仑时,需要乘以 1.2;将美加仑转换为英加仑时,需要除以 1.2。

例:

5 Imp Gal 等于 6 US Gal　　　　　　5 × 1.2 = 6

5 US Gal 等于 4.17 Imp Gal　　　　　5 ÷ 1.2 = 4.17

另一个需要注意的是将体积换算成质量。给定的体积下,液体的质量和液体的密度有关。为了使用方便,人们常常使用相对密度(SG,也称比重)这一物理量来表示不同的液体密度大小,例如:水的相对密度为1;而燃油比水轻,所以燃油的相对密度小于1。

为了得到以千克(kg)表示的液体质量大小,可以用液体的体积——升(L)乘以其相对密度(SG)。

千克(kg) = 升(L) × 相对密度(SG)

为了得到以磅(lb)表示的液体质量大小,可以用液体的体积——英加仑(Imp Gal)乘以其相对密度(SG),然后再乘以10。

磅(lb) = 英加仑(Imp Gal) × 相对密度(SG) × 10

例:

求相对密度(SG)为0.72的2 500 Imp Gal燃油的质量是多少?
磅(lb) = 英加仑(Imp Gal) × 相对密度(SG) × 10
= 2 500 × 0.72 × 10
= 18 000 lb

航空煤油Jet A1的相对密度比航空汽油的密度更大,受温度影响时的密度变化量也更小。在JAA重量与平衡考试中,假定航空汽油的相对密度是0.72,Jet A1的相对密度是0.8。该换算可以在CAP 696第四章MRJT1的第3页的图4.5的最底部一栏找到,也可参见后文表10-3。

在由动力装置驱动的飞行中,燃油会不断消耗,这部分燃油称为航程燃油。航程燃油的消耗量受到飞机重量大小、飞机推力大小、飞行高度以及气象条件等因素的影响。对于轻型飞机,燃油消耗量通常用体积/时间的方法表示,也就是每小时消耗多少美加仑燃油;对于大型飞机,燃油消耗量通常用质量/时间的方法表示,也就是每小时消耗多少千克燃油。

例:

一架双发喷气式飞机的燃油消耗量是每台发动机每小时消耗3 000 US Gal燃油。飞机共飞行4 h,求所消耗燃油的质量。

已知,1 US Gal航空燃油等于3.030 kg。
3 000 美加仑/(时·发) × 4 h = 12 000 美加仑/发
12 000 美加仑/发 × 2发 = 24 000 US Gal
24 000 US Gal × 3.030 kg = 72 720 kg

● 练习2
参考答案见本章末。
1. 将300 L换算为英加仑。
2. 求297 Imp Gal与789 L之和,结果用美加仑表示。
3. 已知1 US Gal航空燃油重3.030 kg,试计算60 US Gal航空燃油重多少千克?

## 中国民航驾驶员执照考试要求

在中国民用航空局颁布的商用驾驶员和航线运输驾驶员执照考试大纲和考试知识点中,均有重量与平衡相关知识点内容的考核要求。

读者可以通过访问飞行人员信息咨询网( http://pilots.caac.gov.cn/ ),在其中查找并打开对应的大纲和知识点进行浏览。

表1-2　执照理论考试大纲和知识点

| 科目 | 大纲 | 知识点 |
|---|---|---|
| 商用驾驶员执照理论考试 | DOC NO.FS-ATS-002A | DOC NO.FS-ATSR-002A |
| 航线运输驾驶员执照理论考试 | DOC NO.FS-ATS-004AR2 | DOC NO.FS-ATSR-004A |

表1-3　各知识点详细目录

| 商用驾驶员执照理论考试知识点 | 航线运输驾驶员执照理论考试知识点 |
|---|---|
| 3.1.1 基本概念<br>　3.1.1.1 重心<br>　3.1.1.2 重量<br>3.1.2 重量与平衡限制<br>　3.1.2.1 重量限制<br>　3.1.2.2 重心限制<br>　3.1.2.3 超载及重心超限的影响<br>3.1.3 载重平衡计算<br>　3.1.3.1 重量及重心查表<br>　3.1.3.2 飞机重量和平衡文件 | 3.7.1 载重平衡基础<br>　3.7.1.1 常见重量术语及相互关系<br>　3.7.1.2 重心的表示方法<br>　3.7.1.3 指数INDEX和指数方程<br>　3.7.1.4 承重限制<br>　3.7.1.5 配平<br>3.7.2 实践应用<br>　3.7.2.1 装载舱单<br>　3.7.2.2 备用前重心<br>　3.7.2.3 最大起飞重量和最大业载的计算<br>　3.7.2.4 电子舱单的识读<br>　3.7.2.5 平衡图的使用 |

# 练习题答案

● 练习1

| 换算项 | 换算因子 | 结算结果 |
|---|---|---|
| 1. 将4 300 kg换算为磅 | × 2.205 | 9481.5 lb |
| 2. 将35 ft换算为米 | × 0.305 | 10.68 m |
| 3. 将5.76 m换算为英尺 | ÷ 0.305 | 18.89 ft |

● 练习2

| 换算项 | 换算因子 | 结算结果 |
|---|---|---|
| 1. 将300 L换算为英加仑 | ÷ 4.546 | 65.99 Imp Gal |
| 2. 297 Imp Gal | × 1.2 | 356.40 US Gal |
| 　和789 L | ÷ 3.785 | + 208.45 US Gal |
| 　合计多少美加仑 | | 564.85 US Gal |
| 3. 将60 US Gal换算为质量 | × 3.030 | 181.8 kg |

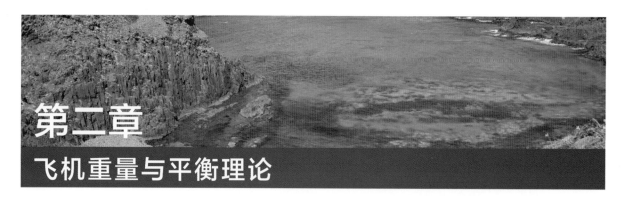

# 第二章
# 飞机重量与平衡理论

## 定义

### 质量

质量(Mass)是指一个物体所含物质的量(如图2-1所示,在货盘的每一个盒子都有其质量,而这若干个盒子形成的整体也有其质量)。究竟是用千克还是磅来表示质量,取决于所使用的单位制。通常来说,位于地球表面的物体无一例外都会受到地球重力加速度$g$的影响。当一个人位于称重装置上的时候,人施加给称重装置的力就是重力,而称重装置的刻度标识出的读数是质量[①]。

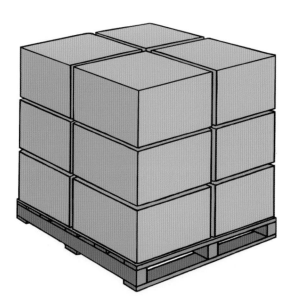

图2-1　装载货物的货盘

科学地讲,重力就是重力加速度施加在物体质量上所产生的力。这部分内容将在后面进一步说明。

### 重心(CG)

重力在物体上的着力点就是重心(CG, Centre of Gravity)。

---

① 注:本书在重量与平衡计算中未严格区分"质量"和"重量"的差异,本书后面所述"重量"即为"质量"。

航线运输飞行员理论培训教材

如图2-2所示,物体的重力作用于物体重心(CG)并垂直指向地心。重心不一定位于物体的形心。要让物体平衡,物体所受的合力必须通过重心。

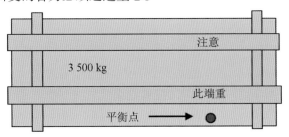

图2-2 物体的重心或平衡点

### 平衡力臂(BA)

平衡力臂(BA,Balance Arm)是从基准到重心的距离。

### 力矩

力矩(Moment)是力和力臂的乘积。

当人用手拿住一个物体,并保持物体距离身体一个手臂长的时候,通常比让物体贴近身体的时候感觉更为吃力,这是因为手臂被物体重力拖拽向下的影响。这种影响是转动力矩带来的,它的大小就等于手中物体的重力乘以臂长。力臂长度会根据所取基准位置的改变而改变。

$$力 \times 力臂 = 力矩$$

力矩力图促使物体围绕重心转动,由于力矩的强弱同时受到质量大小和距离长短的影响,所以力矩的单位既包含重量单位,又包含长度单位。

例:

300 kg·in,表示300 kg的力作用于1 in的力臂,或1 kg的力作用于300 in的力臂。

$$300 \text{ kg} \times 1 \text{ in} = 300 \text{ kg·in}$$
$$1 \text{ kg} \times 300 \text{ in} = 300 \text{ kg·in}$$

以上是较为简单的换算,请注意,力臂和重量的单位有时采用英制有时采用公制,甚至二者混合使用。这种情况下就必须对单位进行统一,将其换算为常用的单位制,否则就会出现错误。

例:

| 重量 | 力臂 | 力矩 | 重量 | 力臂 | 力矩 |
|---|---|---|---|---|---|
| 10 kg | × 10 cm | 100 kg·cm | 10 kg | × 10 in | 100 kg·in |
| 10 lb | × 10 cm | 100 lb·cm | 10 lb | × 10 in | 100 lb·in |
| 10 kg | × 10 ft | 100 kg·ft | 10 kg | × 10 m | 100 kg·m |
| 10 lb | × 10 ft | 100 lb·ft | 10 lb | × 10 m | 100 lb·m |

注意,正确书写单位符号也非常重要。上述每一组力矩在数值上都是相同的,但是由于单位不同,所以力矩大小和实际作用效果并不相同。

例：

计算下列总重量和合力矩。

| 重量 | 力臂 | 力矩 |
|---|---|---|
| 10 kg | × 10 cm | 100 kg·cm |
| 10 lb | × 10 cm | 100 lb·cm |

1. 将10 lb换算为以千克为单位。参考CAP 696第一章概述第4项，也可参考图1-1。

| 待换算的重量 | 换算因子 | 换算结果 |
|---|---|---|
| 10 lb | × 0.4536 | = 4.536 kg |

2. 利用该重量计算力矩。

| 重量 | 力臂 | 力矩 |
|---|---|---|
| 10 kg | × 10 cm | 100 kg·cm |
| 4.536 kg | × 10 cm | 45.36 kg·cm |

● 练习1

将下列力矩单位换算为公制单位，使用CAP 696中的换算因子。

参考答案见本章末。

| 重量 | 力臂 | → | 重量 kg | 力臂 m | 力矩 kg·m |
|---|---|---|---|---|---|
| 10 lb | × 10 cm | → | × | | |
| 10 kg | × 10 ft | → | × | | |
| 10 lb | × 10 ft | → | × | | |

**基准或参考基准**

基准（Datum）是指系统内各物体重心所参照的基本位置，它是相对于飞机纵轴的一个垂直平面。

由于力矩，或者更准确地说由于转动力矩是力和力臂共同作用的结果，因此有必要对力臂的长短进行量化，而量化的结果就是得到物体重心到系统内某一位置的距离长短。而这某一位置往往就是参考基准，更简单点说就是基准。该基准非常有用，一旦确定了它的位置，就能够测量出各力臂的长短。虽然基准对确定力臂有很大帮助，但是基准位置并非一成不变，是可以调整的，它的计量单位也是如此。在图2-3所示的天平装置中，基准位置被放置在了天平中间位置处的支撑点上，因此左右两侧重物到基准的力臂相等。

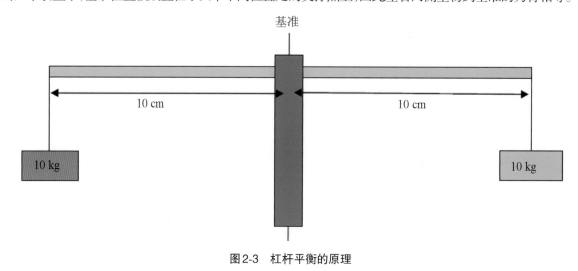

图2-3 杠杆平衡的原理

## 转动力矩

任何一个距离基准有一定距离的重量都会产生绕基准的转动力矩(Turning Moment)。在图2-4中,左右两侧重物所产生的力矩分别用逆时针(Counter Clockwise)和顺时针(Clockwise)方向的箭头进行表示。为了更方便地区分力臂相对于基准的位置,通常规定基准左侧的力臂为负,基准右侧的力臂为正。

计算由多个物体组成的系统的重心位置到基准的距离,一般使用以下公式:

合力矩 ÷ 总重量 = 系统重心

合力矩(TMo)是系统内各物体重量对同一基准的力矩之和。

总重量(TM)是整个系统的总重量。

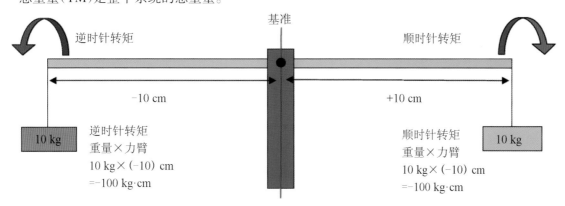

图2-4　平衡杠杆系统内的转矩计算

由于左右两侧重物相对基准的力臂相等,它们的质量也相等,因此产生的力矩大小相等、方向相反,相互抵消。这样一来,天平仍然维持平衡,而整个系统的总重量则直接通过支撑点。注意,在本例中基准恰好与支撑点相重合。上图中的天平系统显而易见是平衡的,附加的计算过程和步骤主要是为了进一步说明如何使用该方法。正是因为左侧重物产生的力矩抵消了右侧重物产生的力矩,所以规定左侧力臂为负,右侧力臂为正。

| | 重量/kg | | 力臂/cm | −力矩/(kg·cm) | +力矩/(kg·cm) |
|---|---|---|---|---|---|
| 左侧 | 10 | × | −10 | −100 | |
| 右侧 | 10 | × | +10 | | +100 |
| 求和 | | | | −100 | +100 |
| **总重量** | 20 | | 合力矩 | 0.0 | |

合力矩 ÷ 总重量 = 系统重心位置

0.0 kg·cm ÷ 20 kg = 0 cm

在本例中,由于基准位置也为0,所以重心位置和基准相重合。

如果使用同样的平衡系统,但是适当调整基准位置到如图2-5所示处,系统重心到基准的合力臂大小仍然可以使用公式(合力矩 ÷ 总重量)进行计算。

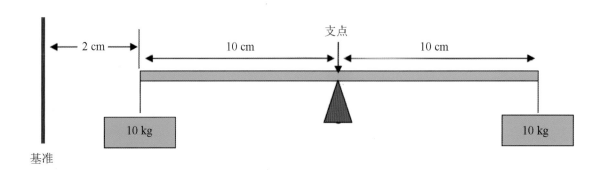

图2-5  利用基准线标定距离

在图2-5中,基准位置比左侧物体还要向左偏出2 cm。从逻辑上来说,这个系统应该仍然维持平衡,因为左右两侧物体的重量大小和到中心支撑点(Pivot Point)的距离都没有发生变化。但从数学上讲,由于所有的力臂都移动到了基准右侧,因此不再有负值。另外,重心位置虽然没有发生移动,但是到基准的距离已经从0增加到+12 cm。

| 重量/kg | | 力臂/cm | −力矩/(kg·cm) | +力矩/(kg·cm) |
|---|---|---|---|---|
| 10 | × | +2 | | +20 |
| 10 | × | +22 | | +220 |
| 总重量  20 | | 合力矩 | | +240 |

重心位置 = 合力矩 ÷ 总重量

　　　　 = +240 kg·cm ÷ 20 kg

　　　　 = +12 cm

重心位于基准右侧12 cm处。

前面介绍了怎样移动基准而不改变系统重心位置,然而如果各物体质量发生变化,系统重心位置将发生改变。

例:

图2-6  重心计算算例

如图2-6所示,左侧物体重8.5 kg,距基准10 cm;右侧物体重7.75 kg,距基准10 cm。基准位于两物体正中。求重心位置。计算过程精确到小数点后三位,计算结果保留小数点后两位。

| | 重量/kg | | 力臂/cm | −力矩/(kg·cm) | +力矩/(kg·cm) |
|---|---|---|---|---|---|
| 左侧 | 8.5 | × | −10 | −85 | |
| 右侧 | 7.75 | × | +10 | | +77.5 |
| 求和 | | | | −85 | +77.5 |
| 总重量 | 16.25 | | 合力矩 | −7.5 | |

重心位置 = 合力矩 ÷ 总重量

$$= -7.5\ \text{kg·cm} \div 16.25\ \text{kg}$$

$$= -0.461\ \text{cm}$$

$$\approx -0.46\ \text{cm}$$

重心位于基准左侧0.46 cm处。

## 重量移动给重心位置带来的影响

从图2-6及其计算过程可以看出,系统重心位置位于基准左侧0.46 cm处。系统总重为16.25 kg,相对基准产生的合力矩为-7.5 kg·cm。

在此基础之上,如果将1.3 kg重物从左侧移动到右侧,则使用同样的步骤仍然可以求出调整后的系统合力矩以及系统重心位置。参见图2-7,由于左侧重物被移出,那么这部分被移出的重量需要用负号标示,其力臂也带负号,二者的乘积负负为正,相当于产生了一个顺时针方向即正的转动力矩。因此该移动会对系统产生叠加效应,一方面在左侧移出一部分重物相当于增加了顺时针方向的正力矩,另一方面在右侧移入这部分重物也进一步增加了顺时针方向的正力矩。

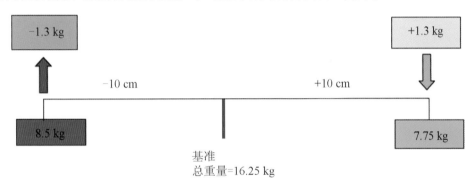

图2-7　重量移动带来的影响

|  | 重量/kg |  | 力臂/cm | −力矩/(kg·cm) | +力矩/(kg·cm) |
|---|---|---|---|---|---|
| 总重量 | 16.25 | × | −0.46 | −7.475 |  |
| 左侧 | −1.3 | × | −10 |  | +13 |
| 右侧 | +1.3 | × | +10 |  | +13 |
|  |  | 求和 |  | −7.475 | +26 |
| **总重量** | 16.25 |  | 合力矩 | +18.525 |  |

重心位置 = 合力矩 ÷ 总重量

$$= +18.525\ \text{kg·cm} \div 16.25\ \text{kg}$$

$$= +1.14\ \text{cm}$$

重心位于基准右侧1.14 cm处。

反过来,如果是将一部分重物从系统右侧移动到左侧,由于右侧重物被移出,这部分被移出的重量仍然用负号标示,而此时其力臂为正,二者乘积负正为负,那么逆时针方向即负的转动力矩会增加,而顺时针方向的正力矩会减小。请注意,系统重心到基准的距离就是整个系统的合力臂。在移动重物以后,虽然系统的总重量没有发生变化,但系统的合力矩将发生改变。

在本书后续章节,将使用这一原理来计算和解决飞机上商载移动所带来的问题。

● 练习2

参考答案见本章末。

计算过程精确到小数点后三位,计算结果保留小数点后两位。

1. 天平左侧悬挂一重量为8.5 kg的重物,右侧悬挂一重量为7.75 kg的重物,天平左右两侧长度均为10 cm。如取天平正中支撑点为基准,则系统重心位置在基准左侧0.46 cm。现从天平右侧移动3.25 kg的重量到左侧,求新的系统重心位置。

2. 天平左侧重物重为208.5 kg,到基准距离为3.5 m,右侧重物重为175 kg,到基准距离为3.5 m。基准位于天平支撑点右侧4.75 m。求系统重心位置到基准的距离。

3. 在第2题的基础之上,现从左侧移动18 kg的重量到右侧。求新的系统重心位置。

## 重量增加给重心位置带来的影响

如果向现有的平衡系统内增加重量,不仅系统总重量会增加,而且重量增加一侧的力矩也会增大,从而导致系统合力矩发生变化。此外,如图2-8所示系统重心位置也会相应移动。

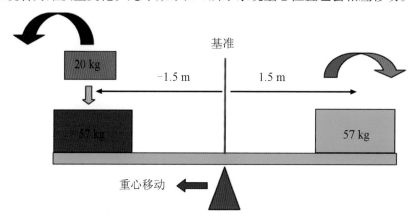

图2-8　增加重量带来的影响

反之,如果从现有的平衡系统内移出重量,系统总重量会减少,重量减少一侧的力矩也会减小,系统合力矩发生变化,系统重心位置改变。无论如何,系统重心位置总是会向重量更大的一侧偏移。从图2-8可以看到,没有增添重物之前,系统重心和基准重合,而左侧增加了20 kg重量以后,系统重心就开始向左侧移动,而基准不变。

初始状态:

| | 重量/kg | | 力臂/m | −力矩/(kg·m) | +力矩/(kg·m) |
|---|---|---|---|---|---|
| 左侧 | 57 | × | −1.5 | −85.5 | |
| 右侧 | 57 | × | +1.5 | | +85.5 |
| **总重量** | 114 | | 合力矩 | 0.0 | |

重心位置 = 合力矩 ÷ 总重量

= 0.0 kg·m ÷ 114 kg

= 0 cm

因此,重心位于基准处。

在左侧增加20 kg之后：

| | 重量/kg | | 力臂/m | −力矩/(kg·m) | +力矩/(kg·m) |
|---|---|---|---|---|---|
| 总重量 | 114 | × | 0.0 | 0.0 | 0.0 |
| 左侧 | 20 | × | −1.5 | −30 | |
| **总重量** | 134 | | 合力矩 | −30 | |

重心位置 = 合力矩 ÷ 总重量

　　　　　= −30 kg·m ÷ 134 kg

　　　　　= −0.224 m

　　　　　≈ −0.22 m

因此在左侧增加20 kg之后，重心移动到基准左侧0.22 m处。

接下来继续以上述结果为起始点，计算从左侧移去57 kg后重心位置的改变。

在左侧减少57 kg之后：

| | 重量/kg | | 力臂/m | −力矩/(kg·m) | +力矩/(kg·m) |
|---|---|---|---|---|---|
| 总重量 | 134 | × | − 0.224 | − 30 | |
| 左侧 | − 57 | × | − 1.5 | | +85.5 |
| **总重量** | 77 | | 合力矩 | +55.5 | |

重心位置 = 合力矩 ÷ 总重量

　　　　　= +55.5 kg·m ÷ 77 kg

　　　　　= +0.721 m

　　　　　≈ +0.72 m

因此，重心移动到基准右侧0.72 m处。

● 练习3

参考答案见本章末。

计算过程精确到小数点后三位，计算结果保留小数点后两位。

1. 一杠杆左右两侧长均为3.45 m，左侧悬挂有67 kg重物，右侧悬挂有37 kg重物。现向右侧增加16 kg重量，此外还从左侧向右侧移动了11.5 kg的重量。求系统重心位置。

2. 如图2-9所示，试求系统重心到基准的距离，并将计算结果换算为kg·in。

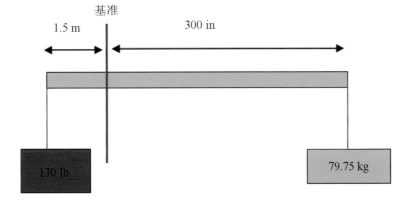

图2-9　练习3

3. 一杠杆长 2.5 m,左端悬挂重物重量为 13 kg 再加上 14 lb,右端悬挂重物重量为 17 kg 再加上 6.5 lb。现以横梁最左端为基准,求系统重心位置。

## 杠杆平衡

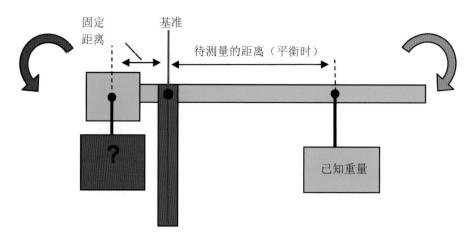

图2-10　杠杆平衡原理

请注意,前面的算例和练习都围绕着一个类似天平的机构,即左右两侧力臂相等。如果使用该方法来称重,为了称出待测物体的质量大小,必须在另一侧也悬挂具有相同质量的测量物,这显然非常麻烦。而如图 2-10 和图 2-11,利用杠杆平衡(Beam Balance)原理,则可以利用已知力矩来得到待测物体的质量。

图2-11　杠杆平衡原理

例如,将待测物体(大象)固定在杠杆左侧 100 in 处,现用一重为 560 lb(0.25 t)的测量物进行调平,当将测量物调节到杠杆右侧 1 095 in 处时,系统恰好达到平衡,顺时针方向的转动力矩与逆时针方向的转动力矩大小相等,相互抵消。在这种情况下,用逆时针转动的力矩除以固定不变的力臂,就可以得到待测物体(大象)的质量大小。

杠杆平衡原理应用：

| | 重量/lb | | 力臂/in | −力矩/(lb·in) | +力矩/(lb·in) |
|---|---|---|---|---|---|
| 右侧 | 560 | × | +1 095 | | +613 200 |
| 左侧 | ？ | × | −100 | −613 200 | |
| | | | 合力矩 | | 0.0 |

因此负力矩也应该为 − 613 200 lb·in。

− 613 200 lb·in ÷（− 100 in）= 6 132 lb，大约为 2.5 t。

● 练习4

参考答案见本章末。

计算过程精确到小数点后三位，计算结果保留小数点后两位。

1. 杠杆左侧 3.75 m 处悬挂一重量未知物体，右侧 13.35 m 处悬挂一重量为 30 kg 的物体。现杠杆恰好平衡，求左侧物体重量大小。

2. 现有一平衡杠杆，其一侧 30 ft 处悬挂有重为 112 lb 的物体，另一侧 4.5 ft 处悬挂有重量未知的物体。求未知物体重量大小。

3. 一重量未知的物体被悬挂到杠杆一侧 1 m 处后，杠杆恰好平衡。已知杠杆另一侧 8 m 处悬挂有重量为 25 kg 的物体，求该未知物体的重量。

# 利用已知重量找出其平衡点

如图 2-12 所示，在已知物体质量及其固定的悬挂位置的情况下，可以求出较轻物体为了保持系统平衡所需悬挂的位置，反之亦然。

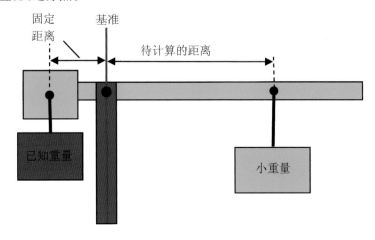

图 2-12　利用杠杆平衡原理进行计算

例：

已知杠杆一侧 2 m 处悬挂有重为 300 kg 的物体，为了让杠杆平衡，需要将另一重为 25 kg 的物体悬挂在何处？

杠杆平衡原理应用：

| | 重量/kg | | 力臂/m | −力矩/(kg·m) | +力矩/(kg·m) |
|---|---|---|---|---|---|
| 左侧 | 300 | × | −2 | −600 | |
| 右侧 | 25 | × | ? | | +600 |
| 合力矩 | | | | 0.0 | |

因此正力矩应等于 + 600 kg·m。

+ 600 kg·m ÷ 25 kg = 24 m。

● **练习5**

参考答案见本章末。

计算过程精确到小数点后三位，计算结果保留小数点后两位。

1. 已知杠杆一侧0.9 m处悬挂有重为300 kg的物体，为了让杠杆平衡，需要将另一重为18 kg的物体悬挂在何处？

2. 杠杆左侧1.7 m处悬挂有90 kg的物体，为了让其平衡，现在右侧25 m处悬挂有8.5 kg的平衡物体。试求当前系统重心位置，以及为了让杠杆真正达到平衡需要将平衡物移动到什么位置？

3. 参见图2-13，重为6 132 lb的物体（大象）被悬挂在杠杆左侧100 in处，为了让杠杆恰好平衡，需要在右侧7 995 in处悬挂多重的物体？

图2-13　用于达成平衡的重量与力臂关系

# 练习题答案

● **练习1**

| 重量/kg | | 力臂/m | 力矩/(kg·m) |
|---|---|---|---|
| 4.536 | × | 0.1 | 0.45 |
| 10 | × | 3.048 | 30.48 |
| 4.536 | × | 3.048 | 13.83 |

● 练习2　问题1

| | 重量/kg | | 力臂/cm | −力矩/(kg·cm) | +力矩/(kg·cm) |
|---|---|---|---|---|---|
| 总重量 | 16.25 | × | −0.46 | −7.475 | |
| 左侧 | +3.25 | × | −10 | −32.5 | |
| 右侧 | −3.25 | × | +10 | −32.5 | |
| | | | | −72.475 | |
| 总重量 | 16.25 | | 合力矩 | −72.475 | |

$$重心位置 = −72.475\ kg·cm ÷ 16.25\ kg$$
$$= −4.46\ cm$$

重心位于基准左侧4.46 cm处。

● 练习2　问题2

| | 重量/kg | | 力臂/m | −力矩/(kg·m) | +力矩/(kg·m) |
|---|---|---|---|---|---|
| 左侧 | 208.5 | × | −3.5 | −729.75 | |
| 右侧 | 175 | × | +3.5 | | +612.5 |
| | | | | −729.75 | +612.5 |
| 总重量 | 383.5 | | 合力矩 | −117.25 | |

$$重心位置 = −117.25\ kg·m ÷ 383.5\ kg$$
$$= −0.306\ m$$
$$≈ −0.31\ m$$

重心位于基准左侧0.31 m处。

● 练习2　问题3

| | 重量/kg | | 力臂/m | −力矩/(kg·m) | +力矩/(kg·m) |
|---|---|---|---|---|---|
| 总重量 | 383.55 | × | −0.306 | −117.25 | |
| 左侧 | −18 | × | −3.5 | | +63 |
| 右侧 | +18 | × | +3.5 | | +63 |
| | | | | −117.25 | +126 |
| 总重量 | 383.5 | | 合力矩 | +8.75 | |

$$重心位置 = +8.75\ kg·m ÷ 383.5\ kg$$
$$= 0.023\ m$$
$$≈ +0.02\ m$$

重心位于基准右侧0.02 m处。

● 练习3　问题1

第一部分

| | 重量/kg | | 力臂/m | −力矩/(kg·m) | +力矩/(kg·m) |
|---|---|---|---|---|---|
| 左侧 | 67 | × | −3.45 | −231.15 | |
| 右侧 | 37 | × | +3.45 | | +127.65 |
| | | | | −231.15 | +127.65 |
| 总重量 | 104 | | 合力矩 | −103.5 | |

$$重心位置 = −103.5\ kg·m ÷ 104\ kg$$
$$≈ −1.00\ m$$

第二部分

| | 重量/kg | | 力臂/m | −力矩/(kg·m) | +力矩/(kg·m) |
|---|---|---|---|---|---|
| 总重量 | 104 | × | −0.995 | −103.5 | |
| 左侧 | −11.5 | × | −3.45 | | +39.675 |
| 右侧 | +11.5 | × | +3.45 | | +39.675 |
| 右侧 | +16 | × | +3.45 | | +55.2 |
| 求和 | | | | −103.5 | +134.55 |
| 总重量 | 120 | | 合力矩 | +31.05 | |

重心位置 = +31.05 kg·m ÷ 120 kg

　　　　　≈ +0.26 m

原重心距基准　−1.00 m

新重心距基准　+0.26 m

重心移动　　　+1.26 m

因此,重心共向右移动了1.26 m。

● 练习3　问题2

将1.5 m换算成英寸,(1.5 ÷ 0.304 8) × 12 = 59.055 in。

将130 lb换算成千克,130 × 0.453 6 = 58.968 kg。

| | 重量/kg | | 力臂/in | −力矩/(kg·in) | +力矩/(kg·in) |
|---|---|---|---|---|---|
| 左侧 | 58.968 | × | −59.055 | −3 482.355 | |
| 右侧 | 79.75 | × | +300 | | +23 925 |
| | | | | −3 482.355 | +23 925 |
| 总重量 | 138.718 | | 合力矩 | 20 442.645 | |

重心位置 = 20 442.645 kg·in ÷ 138.718 kg

　　　　　= 147.368 in

　　　　　≈ 147.37 in

重心位于基准右侧147.37 in处。

● 练习3　问题3

将14 lb换算成千克,14 × 0.453 6 = 6.350 kg

将6.5 lb换算成千克,6.5 × 0.453 6 = 2.948 kg

| | 重量/kg | | 力臂/m | −力矩/(kg·m) | +力矩/(kg·m) |
|---|---|---|---|---|---|
| 左侧 | 19.35 | × | 0.0 | 0.0 | 0.0 |
| 右侧 | 19.948 | × | +2.5 | | +49.87 |
| | | | | 0.0 | +49.87 |
| 总重量 | 39.298 | | 合力矩 | 49.87 | |

重心位置 = 49.87 kg·m ÷ 39.298 kg

　　　　　= 1.269 m

　　　　　≈ 1.27 m

重心位于基准右侧1.27 m处。

● 练习4 问题1

| | 重量/kg | | 力臂/m | −力矩/(kg·m) | +力矩/(kg·m) |
|---|---|---|---|---|---|
| 右侧 | 30 | × | 13.35 | | + 400.5 |
| 左侧 | ? | × | −3.75 | −400.5 | |
| | | | 合力矩 | 0 kg·m | |

因此,负力矩应等于−400.5 kg·m,质量应等于−400.5 kg·m ÷ −3.75 m = 106.8 kg。

● 练习4 问题2

| | 重量/lb | | 力臂/ft | −力矩/(lb·ft) | +力矩/(lb·ft) |
|---|---|---|---|---|---|
| 右侧 | 112 | × | +30 | | + 3 360 |
| 左侧 | ? | × | −4.5 | −3 360 | |
| | | | 合力矩 | 0 | |

因此,负力矩应等于−3 360 lb·ft,质量应等于−3 360 lb·ft ÷ −4.5 ft = 746.67 lb。

● 练习4 问题3

| | 重量/kg | | 力臂/m | −力矩/(kg·m) | +力矩/(kg·m) |
|---|---|---|---|---|---|
| 右侧 | 25 | × | +8 | | + 200 |
| 左侧 | ? | × | −1 | −200 | |
| | | | 合力矩 | 0 | |

因此,负力矩应等于−200 kg·m,质量应等于200 kg。

● 练习5 问题1

| | 重量/kg | | 力臂/m | −力矩/(kg·m) | +力矩/(kg·m) |
|---|---|---|---|---|---|
| 左侧 | 300 | × | −0.9 | −270 | |
| 右侧 | 18 | × | ? | | +270 |

+270 kg·m ÷ 18 kg = 15 m
因此,平衡力臂长为15 m。

● 练习5 问题2

| | 重量/kg | | 力臂/m | −力矩/(kg·m) | +力矩/(kg·m) |
|---|---|---|---|---|---|
| 左侧 | 90 | × | −1.7 | −153 | |
| 右侧 | 8.5 | × | +25 | | +212.5 |
| **总重量** | 98.5 | | 合力矩 | 59.5 | |

当前重心位置为59.5 kg·m ÷ 98.5 kg = +0.604 m。
当利用8.5 kg重量进行平衡时,正力矩应为+153 kg·m。因此,153 kg·m ÷ 8.5 kg = 18 m。
用于平衡的这部分重量需放置于+18 m处,因此应将这部分重量向左移7 m。

● 练习5 问题3

| | 重量/lb | | 力臂/in | −力矩/(lb·in) | +力矩(lb·in) |
|---|---|---|---|---|---|
| 左侧 | 6 132 | × | −100 | −613 200 | |
| 右侧 | ? | × | +7 995 | | +613 200 |

−613 200 lb·in ÷ 7 995 in ≈ 76.70 lb
因此,需悬挂的重量为76.70 lb。

# 第三章
# 影响飞机重量与平衡的因素

## 概述

图3-1　大型飞机的机身

每一架由制造厂商生产制造出来的飞机都由许许多多具有独立功能的部件组成,而每一个部件都有其相应的重量和重心位置。所有部件的重量叠加在一起就得到了飞机的总重量,所有部件相对基准所产生的力矩效应之和就确定了飞机的重心位置。

**基本空机重量(BEM, Basic Empty Mass)是空机重量加上标准项重量,例如:**

➤ 不可用燃油和其他不可用液体。

➤ 发动机和其他辅助设备内的滑油。

➤ 消防器材。

➤ 附属配套设施。

➤ 应急供氧设备。

➤ 辅助电气设备。

刚生产下线的飞机的重量称为基本空机重量(BEM)或基本重量(BM),其重心则称为基本空机重心或基本重心。基本空机重量为一架完整飞机的最小重量。

在此基础之上,增添任何项,例如,燃油、机组、乘客以及货物等,都将增加飞机重量同时改变飞机重心位置。只有通过计算才能得到确切的重量变化和重心位置改变,从而确保它们不超过飞机的设计限制。在飞机进行任何实际装载操作之前,都必须首先进行计算验证,只有这样才能使飞机无论是在地面还是在空中避免结构遭受破坏,以及避免重心超出极限。

要想深入理解重心位置的改变究竟会给飞行带来何种影响,需要先回顾一些基础的空气动力学原理。

# 稳定平飞中的受力

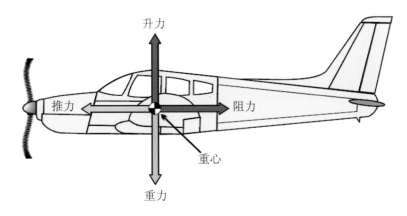

图3-2　匀速直线运动状态下飞机的受力

平飞中,作用于飞机的力有以下四种:

升力(Lift)　　　　　由气流流经机翼所产生。

重力(Weight)　　　由地心引力作用所产生。

拉力/推力[①](Thrust)　由动力装置运转所产生。

阻力(Drag)　　　　由向前运动的飞机因外形等所产生。

这四种力两两成对出现,即:升力与重力,推力与阻力。

当飞机处于等高等速的稳定直线飞行时,这四种力两两大小相等、方向相反,且通过重心,如图3-2所示。

## 升力

如图3-3所示,升力的产生主要是由于流经机翼上翼面外凸区域的气流流速显著增大而静压下降较多所造成。在机翼上翼面,从前缘向后缘移动,压强大小不断变化,红色箭头代表了上翼面整个低压区域所产生的合力,通常称之为升力。

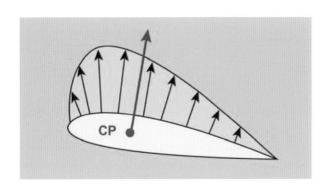

图3-3　小迎角状态下机翼压力中心的位置

---

①注:拉力/推力主要视动力装置类型而定。对于螺旋桨驱动的飞机来说为拉力,对于涡轮驱动的飞机来说为推力。

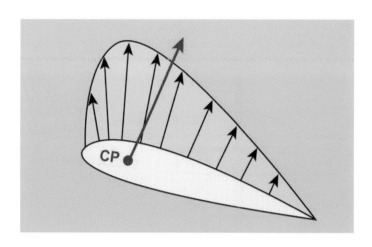

图3-4　大迎角状态下机翼压力中心的位置

机翼升力的着力点,叫压力中心(CP, Centre of Pressure),如图3-4所示。压力中心所在位置会随着机翼迎角(AoA, Angle of Attack)的变化而移动。迎角增大,压力中心前移;反之则后移。

从图3-5中可以看出,单独考虑机翼时,沿着机身纵轴方向,当压力中心位于重心之前或之后时,围绕重心所产生的转动力矩方向相反。如左图所示,当重心位于压力中心之前时,飞机具有自然低头下俯(Nose Down)的趋势,这就使得飞机具有正的俯仰静稳定性。也就是说若飞机在匀速直线平飞的过程之中受到外界扰动抬头偏转,飞机能够克服扰动使其趋向于恢复原来的状态。此外,在高度不变的直线平飞中,若飞行速度增大,随着迎角减小,压力中心将向后移动,压力中心到重心的距离增加,低头力矩变大,将进一步增强飞机的俯仰静稳定性。

反之,当重心位于压力中心之后时,如右图所示,升力相对于重心产生抬头上仰(Nose Up)力矩,从而使得飞机具有负的俯仰静稳定性。这样一来,一旦飞机受到外界扰动抬头偏转时,飞机将进一步增加这种趋势抬头上仰。与此同时,随着飞机抬头上仰,机翼迎角不断增大,压力中心前移,压力中心到重心的距离增加,抬头力矩变大,进一步促使飞机偏离原俯仰位置,甚至导致失速。

因此,为了确保飞机具有自然的俯仰稳定性,压力中心一般位于重心之后。

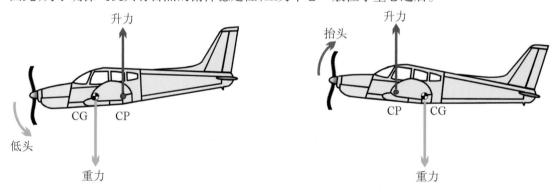

图3-5　压力中心CP和重心CG的相对位置对飞机的影响

## 重力

在图3.5中也标注出了重力。重力是由于重力加速度作用于具有一定质量的物体之上而产生的力。在国际单位制中,质量以千克为单位,加速度以米每平方秒为单位,而力以牛顿为单位。

$$质量(kg) \times 重力加速度(m/s^2) = 重力(N)$$

重量与平衡计算中,重力加速度为9.81 m/s²。然而为了方便起见,在考试中重力加速度往往取10 m/s²。这通常会在考试时予以特别说明。如无特别说明,请仍然取9.81 m/s²为标准重力加速度。

例:

1. 起飞重量为10 000 kg的飞机所受到的重力是多少?(重力加速度为10 m/s²)

a. 98 100 kg

b. 100 000 N

c. 98 100 N

d. 100 000 kg

2. 起飞重量为10 000 kg的飞机所受到的重力是多少?

a. 98 100 kg

b. 100 000 N

c. 98 100 N

d. 100 000 kg

可以看到问题虽然相同,但答案不同。对于第一个问题,计算方法是10 m/s² × 10 000 kg = 100 000 N,因为重力加速度有特别说明为10 m/s²;而对于第二个问题,计算方法是9.81 m/s² × 10 000 kg = 98 100 N。

反过来,如果给出了以牛顿为单位的飞机重力大小,根据公式可以推算出飞机的重量。

$$重力(N) ÷ 重力加速度(m/s²) = 重量(kg)$$

1. 起飞时,所受重力为190 000 N的飞机的重量是多少?

a. 19 368 kg

b. 19 000 kg

c. 18 639 kg

d. 19 020 kg

2. 起飞时所受重力为190 000 N的飞机,在巡航过程中消耗了7 000 kg的燃油,飞机的着陆重量是多少?(重力加速度为10 m/s²)

a. 12 368 kg

b. 12 000 kg

c. 18 569 kg

d. 18 930 kg

求解:

1.　a　　190 000 N ÷ 9.81 m/s² = 19 368 kg

2.　b　　190 000 N ÷ 10 m/s² = 19 000 kg

　　　　　19 000 kg − 7 000 kg = 12 000 kg

### 拉力和阻力

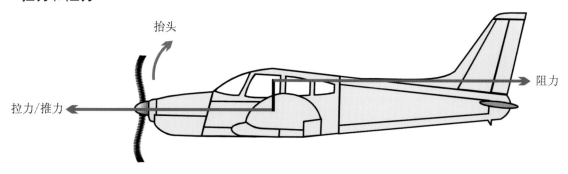

图3-6  拉力和阻力

拉力和阻力的作用方向相反,如图3-6所示。拉力的着力点取决于动力装置的安装位置,一般说来,动力装置往往吊装在机翼下方,因此拉力的作用线比阻力低。这样设计的好处是:一旦动力装置失效,飞机机头会自动下沉,有利于飞机转入下滑姿态;一旦动力恢复,拉力增大,飞机机头又会自动向上抬起,保持平飞姿态。

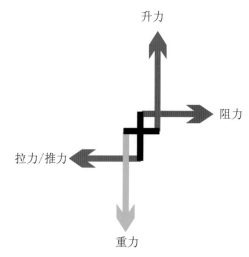

图3-7  拉力/阻力、重力/升力两两对应

从前述分析可以发现,飞机的升力着力点位于重心后方,而拉力着力点位于阻力下方,这都是在设计时的有意为之,如图3-7所示。此外还应该看到,这两组力的量级并不相同。由于客观条件的限制,升力与重力的量级往往要比拉力与阻力大得多。这样一来,为了获得足够的上仰力矩来平衡由升力和重力所产生的下俯力矩,就需要让拉力和阻力相互间隔远一点。理论上讲,达到这一步以后就能够使飞机的下俯力矩与上仰力矩恰好抵消。但是在现实中,这还不够,还必须用另一种方法来进一步帮助飞机实现俯仰平衡,这就是设计平尾的意义所在。

# 平尾

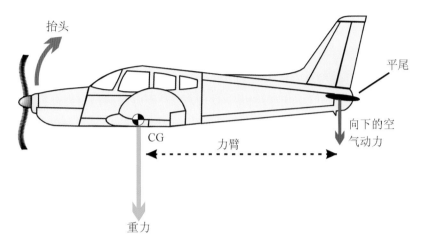

图3-8　平尾产生的力

　　平尾(Tailplane)的出现进一步促使飞机获得俯仰力矩的平衡,如图3-8所示。由于平尾安装在重心之后很远的位置,具有较长的力臂,因此只需要获得较小的空气动力就能够克服由升力/重力、推力/阻力相互作用以后对重心产生的富余的不平衡力矩。

　　在本书后续章节中,暂不考虑除升力和重力以外的力和力矩所带来的影响。

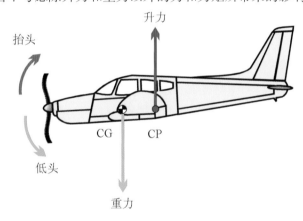

图3-9　合理装载的常规布局飞机的受力

　　当气流流经平尾上下表面时,所产生的气动力方向有可能向下进而产生抬头力矩,也可能向上进而产生低头力矩,如图3-9所示。而且气动力的大小也受到气流速度大小的影响,气流速度大,产生的气动力就大;气流速度小,产生的气动力也小。在某些情况下,如低速飞行,平尾所产生的气动力不一定能够平衡由压力中心和重心的位置差异所产生的俯仰力矩。

　　在这种情况下,升降舵就被设计出来用以调节整个平尾的弯曲程度,通过上下偏转升降舵来达到增大或者减小平尾所产生的气动力的目的。当然,升降舵的功用并不仅限于此,它还能够通过上下偏转来帮助飞机实现上升和下降。而升降舵一旦发生偏转,就会随之产生配平阻力。配平阻力一方面增大了飞机飞行的总阻力,另一方面削弱了动力装置的推进效果。

## 稳定性、操纵性和失速

设计人员在设计飞机时不可避免地会遇到飞机的稳定性和操纵性这两大问题。稳定性所起的作用可以用图3-10中的飞镖予以说明,飞镖的重心都非常靠前,在重心之后较远的位置则装有起稳定作用的镖尾。当飞镖被掷出以后,流经镖尾的气流就促使镖尾获得了向上或向下的气动力。若飞镖在飞行中受到扰动,镖尾就能够使飞镖保持平衡径直飞向镖靶。飞镖的这种特性就是稳定性。显然,一旦飞镖的飞行速度减小,镖尾就不能够再维持飞镖水平飞行,首先是镖头在过于靠前的重心影响之下开始下沉,镖尾紧随其后,当然此时飞镖仍然具有稳定性。如果飞镖的重心被设计得过于靠后,任何飞行中的扰动都会导致飞镖进入不稳定的状态。这种情况下飞镖就失去了稳定性。操纵性则介于绝对稳定和不稳定之间。

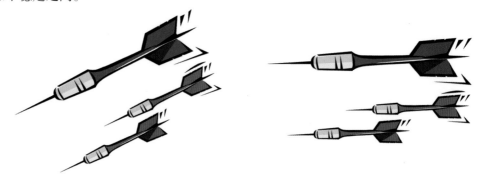

图3-10 飞行速度对稳定性的影响

### 重心限制

对于飞机,平尾扮演的角色和镖尾类似。所以重心位置越靠前,飞机的稳定性越好,操纵性越差;反之,重心位置越靠后,飞机的操纵性越好,而稳定性越差。

为了确保飞机无论在地面还是在空中都既可控又稳定,制造厂商设定了用以限制飞机重心位置前后移动的区间范围,其边界在图3-11中用两条垂线表示。通常也称该范围的两条边界为重心前后极限。重心的前后极限仍然通过相对基准的力臂长短进行表示。前极限与后极限之间的区域一般可称为重心安全范围、重心范围或正常重心范围,只要飞机重心落在前后极限上或之间,就不会超出重心限制。

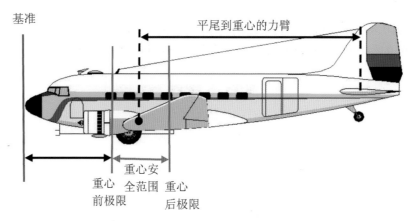

图3-11 常规布局飞机上的重心安全范围

重心的前极限由局方认定,认定的依据是当飞机实际重心位于该处时,平尾升降舵采用最大的上偏角恰好能够克服飞机所产生的低头力矩,如图3-12所示。当然认定依据除了考虑升降舵偏角以外,还需要考虑飞行速度、平尾的面积和力臂的长短。

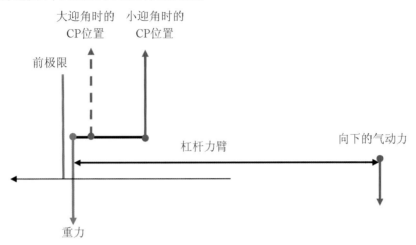

图3-12　重心前极限

飞机恰好不失速的最小飞行速度被称为失速速度。重心位置越靠前,失速速度就越大。接下来,简要介绍一下该现象的基本空气动力原理。

当飞机以失速速度平飞时,一旦重心位置向前移动,由于重心与压力中心之间距离增加,下俯力矩逐渐增大,为了保持飞机力矩平衡,就必须增加平尾向下的气动力。为了维持垂直方向飞机的受力平衡,平尾产生的向下的气动力越大,飞机所获得的总升力也需要相应增大。为了增加飞机升力,就需要稍增大飞机迎角,故飞机将在一个更高一些的速度下失速。

重心位置越靠前,压力中心和平尾到重心的力臂都在增大,由于升力比平尾气动力的量级大很多,根据力矩公式,为了保持飞机力矩平衡,就必须进一步增大平尾所产生的气动力。根据作用力与反作用力原理,反馈给飞行员的杆力也会增大。

重心的后极限取决于飞机操纵灵敏度的要求。例如,一架JAR 25运输类飞机比一架JAR 23特技类飞机需要更强的稳定性,因此运输机的后极限就应该比特技类飞机更靠前;反过来,特技类飞机的前极限就应该比运输机更靠后。

当重心位置靠后时,飞机的下俯力矩就会减弱,从而可以减小平尾向下的气动力,换言之就是减小升降舵的偏转角度,提高升降舵的偏转效率。例如,与该飞机在重量不变但是重心位置靠前时相比,在同样的升降舵偏转角度情况下,重心位置靠后时飞机能够获得富余的升降舵行程用于飞行高度的调整。此外,飞机的配平阻力会减小,飞行员会感觉到杆力减小,操纵变得更加自如。

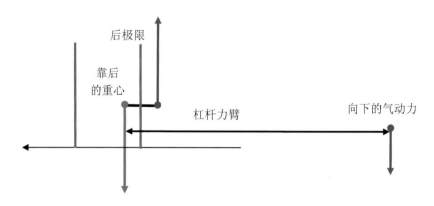

图3-13 重心后极限

如果重心位置进一步向后移动,则在获得良好操纵性的同时稳定性会变得更差,所以设定重心后极限也是为了确保飞机具有足够的俯仰稳定性。飞机重心后极限应在飞机焦点(Aerodynamic Center)之前,如图3-14所示。亚音速飞机的焦点通常位于距机翼前缘约四分之一弦长处。

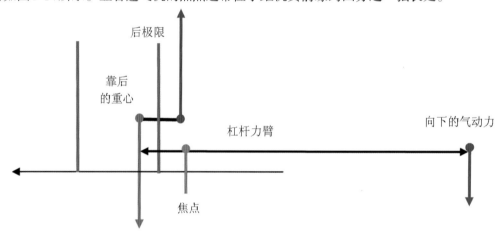

图3-14 重心与焦点

焦点理论是一种能够有效阐述飞机转动力矩的更加广为人知的方法。实际上,引入焦点以后,飞机的俯仰稳定性问题不再拘泥于升力、重力、平尾气动力相互作用的细节,而是简化成了研究飞机焦点与飞机重心位置的问题。从计算便利的角度出发,通常认为焦点位于25%弦长处。实际上,亚音速飞机的焦点会在23%~27%弦长之间变动。在不考虑过大迎角的情况下,焦点能够很好地阐述俯仰力矩相互之间的作用关系。

在正常的直线平飞中,一旦飞机受扰偏离平衡位置,如果飞机焦点位于飞机重心之后,焦点处的飞机附加升力就能够产生使得飞机回归平衡位置的俯仰力矩。而如果焦点与重心重合(如图3-15所示),由升力和平尾气动力所形成的力矩彼此相等,飞机附加升力产生的俯仰力矩为零,飞机既不能够自动恢复也不能自动偏离原来的平衡位置,这种状态叫绝对可操纵或中立稳定。这就意味着如果飞机机头受阵风扰动下俯或上仰,当阵风扰动消失以后,飞机机头会保持受扰之后的状态,而不是主动回归原平衡位置。此时,杆力为零,任何来自飞行员的轻微操纵都会导致飞机的这一中立状态遭到破坏。

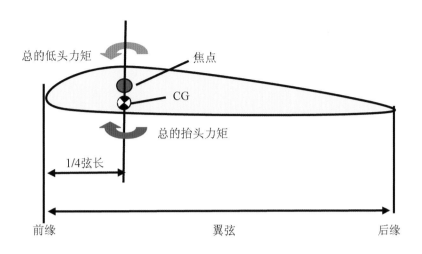

图3-15　焦点

　　这种中立稳定状态对于运输类飞机来说并不可取,为了获得足够的俯仰静稳定性以确保飞行安全,运输类飞机重心的前极限和后极限都必须满足一定的要求。实际重心位置与焦点之间的距离通常被称为静稳定裕度或重心裕度,如图3-16所示。为了使飞机在飞行中具有足够的俯仰稳定性,飞机的重心位置不宜过于靠后,应尽可能将后极限设置在焦点之前。如果重心位于焦点之后,则飞机在自身重力作用之下就会抬头上仰,这样一来甚至会使得飞机完全失控。

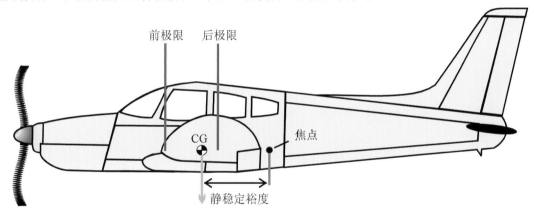

图3-16　重心安全范围与焦点

### 飞行中影响重心前后位置的因素

当飞机完成装载以后,以下几种情况仍然会影响到飞机的俯仰稳定:
➤ 燃油消耗。
➤ 襟翼收放。
➤ 起落架收放。
➤ 货物移动。
➤ 人员移动。

**燃油消耗**

飞行中,飞机的重量会随着燃油消耗而逐渐减小。从起飞滑跑到着陆的整个飞行过程中所消耗的燃油称为航程燃油。通常飞机会使用多个油箱(Fuel Tank)来装载燃油,由于各个油箱的位置不同,随着飞行时燃油的不断消耗和燃油重量的不断减少,飞机的重心位置会相应发生移动,如图3-17所示。

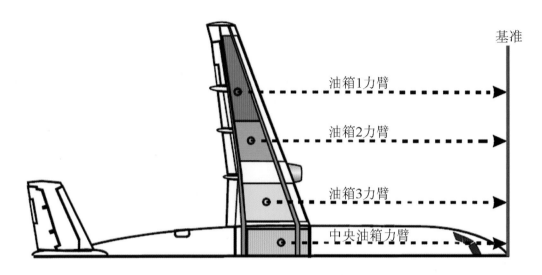

图3-17　燃油消耗对重心的影响

**富勒襟翼**

运输类飞机往往使用富勒襟翼作为其后缘襟翼。富勒襟翼在飞机起降阶段的使用异常频繁,当襟翼放下时,襟翼会向后向下展开,飞机重心随之后移;当襟翼收上时,襟翼会向前向上收拢,飞机重心随之前移,如图3-18所示。

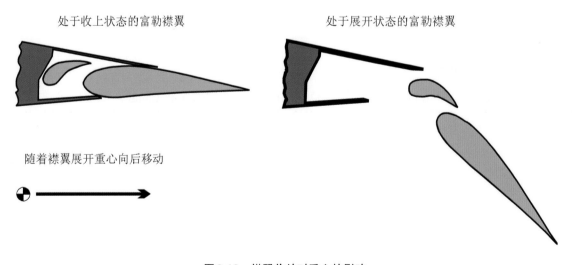

图3-18　襟翼收放对重心的影响

根据飞机及其起落架的设计,收放起落架的操作同样会导致飞机重心位置发生改变。大多数飞机的主轮是横向收放,对重心前后移动影响不大;而导向轮则是沿飞机纵轴方向前后收放。尽管这种影响并不是很大,但准确地说,向前收导向轮时,飞机的重心将会前移;反之则后移。

注意,采用上单翼布局的涡桨式飞机的主轮(如图3-19所示)安装在发动机短舱中,这就使得收放主轮时,飞机重心位置受到较大影响。如果主轮是向前收起,则收主轮时重心前移,放主轮时重心后移。

图3-19　上单翼飞机DHC-8 Q400的起落架

货物

当飞机装载时,货物的重量大小以及货物的重心位置都不得超过规定限制。一旦货物在飞行中发生移动,就极有可能导致飞机失去稳定或者无法操纵,轻则会给飞行员操纵带来极大困难,重则会使飞机直接坠毁。此外,乘务员和乘客的走动也会影响飞机的配平。

### 三个必须计算的重心位置

即便飞机不超载,重心位置也位于限制范围以内,也不能够确保毫无问题。如前所述,航程燃油的消耗会给飞机重心位置带来较大的不确定影响,在执行任何一次飞行任务之前,都必须计算估计飞机的起飞重量(TOM)、预计着陆重量(LM)和无燃油重量(ZFM),以及与其对应的重心位置。其中,无燃油重量主要用于比对确认,确认飞机停放在地面时重心位置是否超出限制范围,确认由于某些特殊原因导致飞机全部燃油被消耗或排放一空时飞机是否还能够继续安全运营。

### 小结

当飞机重心靠近前极限时

➤ 稳定性增强,操纵性减弱。
➤ 离地晚。起飞时机头沉重,需要更大的拉杆量和更多的升降舵上偏角才能够使飞机抬轮。
➤ 爬升困难。爬升中机头有下沉趋势。

➤ 配平阻力和总阻力增大。低头力矩的增大需要更多的升降舵偏角才能够克服,升降舵偏角越大,平尾迎风面积越大,配平阻力越大。

➤ 失速速度增大。在平尾垂直向下气动力增加的情况下,需要更大的机翼升力才能维持飞机总升力不变,在不改变迎角的条件下就必须提高飞行速度。

➤ 耗费推力。随着配平阻力以及总阻力的增大,为了保持飞行速度不变,必须增大发动机推力。

➤ 耗费燃油。只有增大油门才能够增加发动机推力,使得单位时间内的油耗增加,减弱了飞机的续航能力。

➤ 着陆困难。在最后进近的时候,飞机过强的俯仰稳定性以及低速情况下升降舵效率的降低,使得飞机更加难以操纵。

### 当飞机重心靠近后极限时

➤ 稳定性减弱,操纵性增强。

➤ 抬轮过快。起飞时机头过轻,只需要较少的拉杆量、较小的升降舵上偏角就能够使飞机抬轮。

➤ 配平阻力和总阻力减小。低头力矩的减小,相应可以适当减小升降舵偏角,也减小了平尾迎风面积。

➤ 节省推力。随着配平阻力以及总阻力的减小,只需较小的发动机推力就可以保持飞行速度不变。

➤ 节省燃油。发动机推力减小,使单位时间内的油耗减小,增加了飞机的续航能力。

➤ 失速速度减小。为了维持飞机总升力不变,平尾垂直向下气动力的减小,机翼升力也相应减小,因而在不改变迎角的条件下飞行速度相应减小。

➤ 易于着陆复飞。因为操纵性增强,机头的操纵更加容易,但是也容易因拉杆过多而导致失速。

➤ 难以改出螺旋。因为一旦飞机进入螺旋以后,不容易通过压低机头改出螺旋,反而容易加剧机翼自转。

### 飞机超载带来的影响

如果某飞机的起飞重量超过了最大起飞重量限制,但是重心依然位于重心安全范围以内,则:

➤ 起飞滑跑距离延长。因为需要更大的离地速度用以产生足够的升力来克服多余的重量。

➤ 削弱爬升性能和一发失效性能。发动机能够产生的推力都被用于增加飞行速度,而没有多余的推力用来改善性能。

➤ 同一油门位置所对应的飞行速度减小。

➤ 失速速度增大。飞机的盘旋速度和屏幕高度速度均以其与失速速度的百分比来进行表示,如果飞机比正常情况重,也就意味着与标准计算结果的偏差就会增大,避免失速的安全裕量相应就会减小,飞机更容易失速。

➤ 飞机巡航高度减小。因为飞机没有足够的可用推力来维持飞机在高高度飞行。

➤ 同一飞行速度需要更大的推力设置,这也导致燃油消耗量增大。

➤ 航程和航时缩短,因为燃油消耗量增大。

➤ 着陆速度增大,用以防止在进近和着陆过程中失速,也延长了着陆滑跑距离。

➤ 为了避免飞机冲出跑道,需要更大的刹车制动力,容易导致轮胎和刹车损坏。

➤ 由于着陆重量超过结构限制的最大着陆重量,使得飞机结构遭到破坏。

➤ 由于起飞重量和着陆重量分别超过性能限制的最大起飞重量和最大着陆重量,使得飞机需要更长的跑道用于起飞和着陆滑跑,也增加了事故发生的潜在风险。

装得越多,影响越显著。

图3-20　装载对飞机的影响

这些限制可以通过文字或图表的一种或两种形式给出。文字形式的限制通常出现在称重报告中,如SEP1和MEP1手册中的相关数据表格,具体参见CAP 696第二章SEP1和第三章MEP1第1、2页的内容,也可参见图3-21。而以图表形式给出的通常称为配载包线图。

| Reference datum | 39.00 inches forward of firewall |
|---|---|
| Centre of Gravity (CG) limits | forward limit 74.00 - 80.4 in<br>aft limit 87.7 in |
| MSTOM<br>MSLM | 3,650 lb<br>3,650 lb |

| Reference datum | 78.4 inches forward wing leading edge at inboard edge of inboard fuel tank |
|---|---|
| CG limits　fwd<br>　　　　　aft | 82.0 inches to 90.8 inches (subject to aeroplane mass)<br>94.6 inches |
| MSTOM<br>MSLM<br>MZFM | 4,750 lb<br>4,513 lb<br>4,470 lb |

图3-21　文字形式的重量和重心限制(CAP 696 SEP1和MEP1第1页)

## 配载包线图

在配载包线图中,左右两条竖直倾斜的直线分别代表着重心的前极限和后极限。封顶的水平线代表最大起飞重量限制。在上下两条边界线之间,被若干平行直线划分为若干重量区间;在左右两条边界线之间,同样由若干条斜线划分为若干区间,每条斜线对应一个确定的重心位置。对于小型飞机,斜线代表力臂(BA)形式的重心位置;对于大型飞机,斜线代表平均空气动力弦(MAC)形式的重心位置。

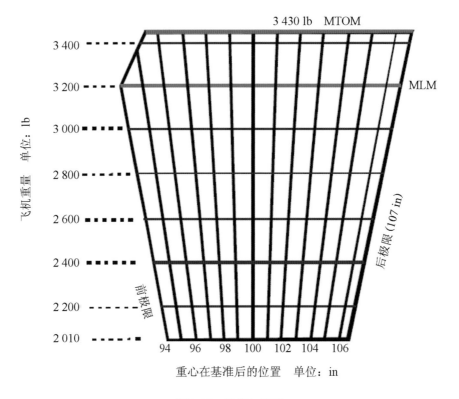

图 3-22　配载包线图

### 配载包线图的作图

需要在配载包线图上绘制出的三个点分别是起飞重量(TOM)、着陆重量(LM)和无燃油重量(ZFM)。如飞机油箱采用平均重心的表示方式,则从无燃油重量到着陆重量再到起飞重量,三点连成一线,见图3-23右侧红色虚线;如飞机各油箱重心位置各不相同,则从无燃油重量到起飞重量之间应为一条曲线,见图3-23左侧黑色实线。

通过绘制出这三个重量及重心位置的交点,不仅可以看出飞机重量是否超出结构强度限制,也可以看出飞机重心是否位于重心安全范围以内。而且通过绘出无燃油重量和重心位置,有利于判断因某些特殊状况导致全部燃油被消耗或排放一空时,飞机重心位置是否安全合理。

本例中,重心前极限边界线在飞机重量由3 200 lb增加到3 400 lb时出现了突然转折,重心位置由94 in处回退到95.5 in处,该转折在图中由亮黄色三角区域表示。如果飞机的实际起飞重量落入该区域,则代表飞机过于稳定。

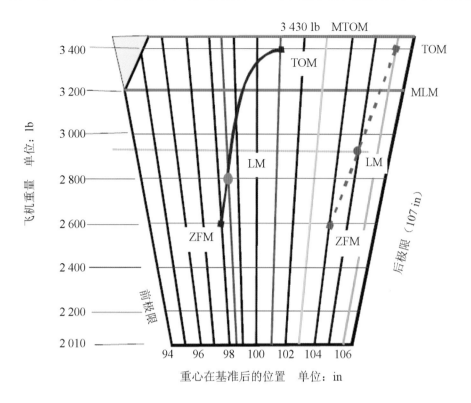

图3-23 燃油对重心的影响

　　一部分飞机的配载包线图,如装载手册的SEP1(CAP 696第二章SEP1图2.5,如图3-24所示)中有一系列介于横向和纵向之间的平行对角直线的彩图。纵向线代表了以英寸为单位、以基准为起点的重心位置,横向线代表了质量大小,而对角线代表了以100为基本单位换算后的力矩大小。通过该图,不需要进行合力矩/总重量的计算也能够直接找出重心位置。具体方法请参照下页举例。

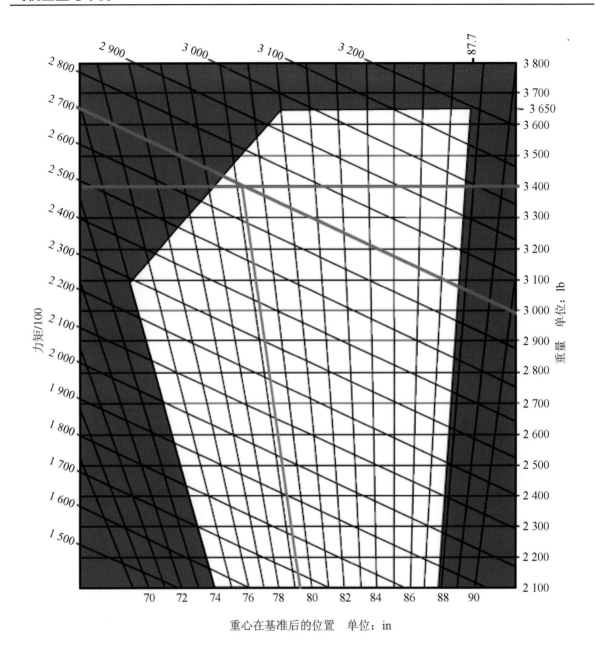

图 3-24 某飞机配载包线图的使用（CAP 696 第一章 SEP1 图 2.5）

　　根据上面的配载包线图，力矩恒为 2 700 的对角线与重量恒为 3 400 lb 的水平直线的交点所对应的重心位置在基准以后 79.25 in 处。因为纵向线也是倾斜的，因此在绘制的时候务必仔细，以免绘到错误的位置。

　　虽然在 CAP 696 的配载包线图中并没有显示出来，但是一部分 JAR 23 类飞机的配载包线图中会标注出飞机的最大实用重量和该类飞行所允许的重心范围限制。这样一来，一架飞机既能够按正常类标准起飞，也能够在消耗了足够的燃油以后按实用类标准进行机动飞行。

　　装载指数（LI）是按照比例缩小一定倍数以后的力矩。它通常用于简化重量与平衡的计算。

　　在计算时，当力矩变得量级很大而且位数较多时，可将其除以某一可选常数进行简化，从而使计算更加简单方便。例如，一数值为 12 300 000 kg·m 的力矩除以 100 000 后变为 123 kg·m，数值 123 就是该力矩经简化后的装载指数。

装载指数 123 kg·m 一旦乘以 100 000,就恢复到原来的正常力矩值。而如果该力矩数值为 12 376 987 kg·m,则除以 100 000 后变为 123.769 87。如果直接取装载指数为 123.769 87,后续计算仍然非常烦琐,所以通常只保留小数点后 1 位,也就是 123.8 kg·m。显然这样一来就不能够再通过装载指数反推出真实的力矩数值,但对于重量较重的大型飞机来说,这一计算误差完全可以忽略不计。对于重量较轻的中小型飞机来说,可以适当减小所选常数(参见 CAP 696 第二章 SEP1 第 2 页图 2.3,如图 3-25 所示)。装载指数能够适用于各型飞机,而且在 CAP 696 中被广泛使用。

| Leading Edge Tanks (Fuel Tank Centroid Arm=75 in Aft of Datum) | | | | | |
|---|---|---|---|---|---|
| Gallons | Weight (lb) | Moment ÷ 100 (in·lb) | Gallons | Weight (lb) | Moment ÷ 100 (in·lb) |
| 5 | 30 | 22.5 | 44 | 264 | 198 |
| 10 | 60 | 45 | 50 | 300 | 225 |
| 15 | 90 | 67.5 | 55 | 330 | 247.5 |
| 20 | 120 | 90 | 60 | 360 | 270 |
| 25 | 150 | 112.5 | 65 | 390 | 292.5 |
| 30 | 180 | 135 | 70 | 420 | 315 |
| 35 | 210 | 157.5 | 74 | 444 | 333 |
| 40 | 240 | 180 | | | |

图 3-25 可用燃油的重量和力矩(CAP 696 第二章 SEP1 图 2.3)

# 第四章
## 重量术语和重量限制

## 概述

当飞机制造完毕并且基本的设备(乘客座椅、机载厨房、卫生间等)各就各位即将投入正式使用之前,在飞机的整个服务生涯过程之中的特定时间,都需要对飞机进行称重。称重是对飞机重量进行评估的一种手段,称重的周期将在后续进行介绍。

首次称重的基本目的是测出飞机的基本空机重量(BEM),它包括:

➤ 不可用燃油和其他不可用液体。
➤ 发动机和其他辅助设备内的滑油。
➤ 灭火器。
➤ 信号弹。
➤ 应急供氧设备。
➤ 辅助电气设备。

1. 不可用燃油是指无法从油箱中抽吸出来供发动机使用的那一部分燃油。其他不可用液体是指为了维持飞机系统正常运转所必须加装的容量固定的润滑液和冷却液,注意,机上饮用水和卫生间用水不算在内。

2. 发动机和其他辅助设备内的滑油在每次执行任务之前都必须加装至规定液面位置。

3. 灭火器需就位并且确保可以使用。

4. 信号弹需就位并且确保可以使用。

5. 应急供氧设备需就位。

6. 辅助电气设备需就位。

依据JAR-OPS 1,所有的称重操作必须在封闭设施内进行。

轻型飞机的重量与平衡计算往往使用基本空机重量BEM作为计算起始点。然而,对于依据JAR 25审定的飞机,其重量与平衡计算则通常以干使用重量DOM作为计算起始点。

**干使用重量(DOM)**——飞机处于可运行状态下的最小重量,它不包括可用燃油和业载。该重量包括诸如:

➤ 机组和机组行李。
➤ 厨房设备和其他可选配的乘客服务设施。
➤ 饮用水和卫生间用水。
➤ 食物和饮料。

1. 机组包括为旅客服务的乘务员。

2. 乘客服务设施和厨房设备根据任务类型或乘客特点进行调整(如VIP包机)。

3. 饮用水需进行净化处理。

4. 食物和饮料根据任务类型和飞行时间进行调整。

**注意,**该定义不包括可用燃油和业载。从基本空机重量到干使用重量之间的这部分差异重量被称为**调整重量,**这一叫法并不是JAR或CAP 696中的标准术语,但在民航业内使用非常普遍。

基本空机重量+ 调整重量 = 干使用重量

**业载**——包括乘客、行李、货物以及非营利载量在内的重量。

**非盈利载量**是指由飞机携带但在飞行中不会使用,或是飞机重要设备的部件,又或是不创造经济效益的物品。通常,运输类飞机会携带备用轮胎和刹车配件以备飞往没有配备此类设备的机场时使用。有时,飞机在进行运输时还需要压舱物进行压舱。

**注意,**业载**不**包括可用燃油。

常用于JAR 25运输类飞机并与业载相关的两个术语也适用于轻型飞机。它们是:

**允许业载**——一架飞机能够携带的最大业载重量。

很多飞机由于结构或性能限制,不能在加满燃油的同时还加装最大商载,因此必须定义最大重量的限制。

**缺载**——实际业载和允许业载的差值。

缺载是指将飞机从当前实际业载量加装到允许业载量,还可以添加多少重量。例如,一架飞机的允许业载是4 000 kg,而目前只加装了3 500 kg的业载,那么缺载为500 kg。

**商载**——是指能够创造经济效益的业载重量。

要将飞机装载到干使用重量有两条途径。下面将具体介绍这两种装载方法。为了能够更好地阐述这一问题,需要先掌握燃油的定义。

# 燃油定义

燃油包括:

➤ 停机坪燃油。

➤ 起动、试车和滑行燃油。

➤ 起飞燃油。

➤ 航程燃油。

➤ 着陆燃油:

　　a. 应急燃油;

　　b. 储备燃油。

1. **停机坪燃油**是指飞机能够装载的最大燃油。当飞机加装最大燃油以后,会导致飞机重量超过其最大起飞重量,但不超过最大滑行重量。

2. **起动、试车和滑行燃油,**通常也统称为起动燃油,主要用于供发动机起动,发动机试车,以及飞机从停机位滑行至起飞位。起动燃油的多少一般由机场给定,取决于机型、停机位置和拟使用的跑道等具体情况。

3. **起飞燃油(TOF)**是指飞机进行起飞滑跑时飞机所携带的全部燃油。起飞燃油等于停机坪燃油减去起动燃油。

4. **航程燃油(TF)**是指飞机从起飞滑跑开始直至着陆滑跑结束的整个航行过程中预计所消耗的燃油。在实际飞行中,航程燃油消耗量的多少受到顺逆风等的影响。

5. **着陆燃油**是指根据预估当飞机着陆接地时飞机所携带的全部剩余燃油,包括**应急燃油**和**储备燃油**。着陆燃油等于起飞燃油减去航程燃油。

归纳起来：

$$起飞燃油 \ + \ 起动燃油 \ = \ 停机坪燃油$$
$$着陆燃油 \ + \ 航程燃油 \ = \ 起飞燃油$$

**使用重量(OM)**——干使用重量加上停机坪燃油,但不包括业载。

要从干使用重量装载到使用重量,飞机只需要装载可用燃油,不用考虑乘客、行李、压舱物以及货物等重量在内。

$$干使用重量 \ + \ 停机坪燃油 \ = \ 使用重量$$
$$基本空机重量 \ + \ 调整重量 \ + \ 停机坪燃油 \ = \ 使用重量$$

**无燃油重量(ZFM)**——干使用重量加上业载。

要从干使用重量装载到无燃油重量,飞机只需要装载乘客、行李、压舱物以及货物,而不用考虑燃油在内。

$$干使用重量 \ + \ 业载 \ = \ 无燃油重量$$
$$基本空机重量 \ + \ 调整重量 \ + \ 业载 \ = \ 无燃油重量$$

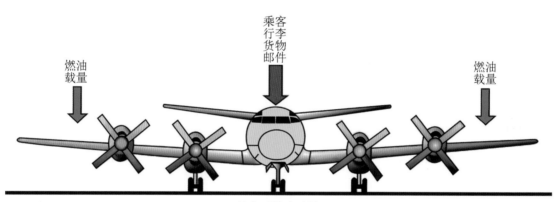

图4-1　机翼燃油弯曲力矩的影响

对于大多数飞机来说,燃油通常被存储在位于主轮外侧的机翼油箱中,而业载则由机身装载。对于大型飞机,燃油的重量有利于缓解机身与机翼结合部位的结构应力,如图4-1所示。

## 结构限制

飞机受到四种结构限制,它们分别是:

➢ 结构限制的最大滑行重量。
➢ 结构限制的最大起飞重量。
➢ 结构限制的最大着陆重量。
➢ 最大无燃油重量。

轻型飞机只需要考虑结构限制的最大起飞重量,因为只要能够确保飞机实际起飞重量小于结构限制的最大起飞重量,即可确保飞机满足其他三种结构限制条件。

**结构限制的最大滑行重量(MSTM)**——飞机在开始滑行时自身结构强度所能够承受的最大重量。

该重量包括飞机在起动、试车和滑行时发动机所消耗的燃油。因此,也常常将该重量称为结构限制的最大停机坪重量,或者进一步缩读为**最大滑行重量**或**最大停机坪重量**。

**结构限制的最大起飞重量**——飞机在开始起飞滑跑时自身结构强度所能够承受的最大重量。

该重量是指在世界各地机场的最有利条件下飞机起飞滑跑时的最大重量,也常常被称作**最大起飞重量**。如果飞机实际要以该重量进行起飞,则必然需要具备比最大起飞重量还要重的最大停机坪重量,以满足起动和滑行耗油的需要。一旦飞机的实际起飞重量超过最大起飞重量,飞机结构将遭到破坏,起飞距离也将进一步延长。

**结构限制的最大着陆重量**——飞机在正常运行环境下着陆时自身结构强度所能够承受的最大重量。

该重量是指在世界各地机场的最有利条件下飞机着陆接地时的最大重量,也常常被称作**最大着陆重量(MLM)**。一旦飞机的实际着陆重量超过其最大着陆重量,飞机结构将遭到破坏,着陆距离也将进一步延长。

**最大无燃油重量(MZFM)**——飞机不加装可用燃油时自身结构强度允许的最大重量。

由于飞机主要利用装载到机翼油箱中的燃油来削弱机翼与机身结合部位的应力,所以当燃油尚未被加装到油箱中时,飞机机身能够装载的重量应该具有一定限制。一旦飞机的实际无燃油重量超过最大无燃油重量,飞机结构将遭到严重破坏。

## 性能限制

上述结构强度限制因素定义了飞机在世界各地机场的最有利条件下的最大重量。除此以外还需要考虑性能相关的限制因素,诸如:

➤ 机场高度  
➤ 机场温度  } 密度。
➤ 跑道长度。
➤ 机场地形。

以上并非完整的性能限制因素清单。请注意,为了满足飞机运行的性能要求,飞机的重量也会受到性能限制。这些性能限制因素不仅涉及起飞,而且涉及着陆,甚至当飞机需要飞越高大山脉时的航路条件也会成为性能限制因素之一。

**性能限制的最大起飞重量(PLTOM)**——受到放行机场离场条件影响的起飞重量。

**性能限制的最大着陆重量(PLLM)**——受到目的地机场条件影响限制的着陆重量。

在某些情况下,一些特殊机型的性能限制有可能比结构限制更苛刻(例如,对于一架B747重型喷气式民用客机来说,往往不必考虑其性能限制,但对于一架BAe 146中型客机来说则需要更多关注其性能限制)。无论如何,制造厂商提供了了性能限制数据,就应当将其与飞机的结构限制进行比较,然后挑选二者中更苛刻的那一个来作为飞机的限制因素进行考虑。这样一来,就得到了**许可重量**。

**许可起飞重量(RTOM)**——性能限制的最大起飞重量与结构限制的最大起飞重量中的最小值。

许可起飞重量也可以称为**最大允许起飞重量(MATOM)**。

**许可着陆重量(RLM)**——性能限制的最大着陆重量与结构限制的最大着陆重量中的最小值。

许可着陆重量也可以称为**最大允许着陆重量(MALM)**。

**起飞重量(TOM)**——飞机在开始起飞滑跑时包括每个人、每件物品在内的重量。

飞机起飞时的实际重量被称为起飞重量。这是受到规章监管的重量。

**着陆重量(LM)**——飞机在开始着陆滑跑时包括每个人、每件物品在内的重量。

飞机着陆时的实际重量被称为着陆重量。这也是受到规章监管的重量。

**总重量**——给定条件下的重量。

该术语将可能在JAR考试中出现,是否为正确选项需要根据题目条件来确定。

**有效载量**——可用燃油和业载的重量。

该术语在JAR学习材料中有所提及,也可能在JAR考试中出现,是否为正确选项需要根据题目定义来确定。

**基准或参考基准**——系统内各物体重心所参照的基本位置,也就是相对于飞机纵轴的一个垂直平面。

飞机的基准被假设为一垂直于机身纵轴的线或平面。基准位置通常由制造厂商给定,它可以是在飞机机身纵向上任一位置,可前可后。无论制造厂商将基准设定在何处,它始终是用来标定平衡力臂大小的基准点。

组成飞机的每一个部件或者是飞机上的任一物品都具有重量和重心位置。这些重量的作用点到基准的距离就是其各自对应的平衡力臂。

CAP 696所包括的三类飞机的基准位置分别为:

**SEP1** CAP 696第二章SEP1第1页

在单发轻型飞机的图表中,防火墙是第一个参考位置:

**参考基准**位于防火墙之前39.00 in处。

因为基准位置的设置并不需要某一实际存在的物理部件作为参考,而往往是制造厂商的强制性规定,所以防火墙只是用于确定基准的参考位置之一。飞机上所有的平衡力臂的测量均以基准所在位置为标准,如图4-2所示。

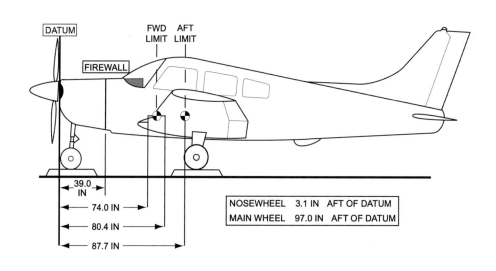

图4-2 单发飞机定位图(CAP 696 第二章 SEP1 图2.1)

**MEP1** CAP 696第三章MEP1第1页

在多发轻型飞机的图表中,参考基准位于参考点之前78.4 in处。恰好是内侧油箱内侧缘所在位置处的机翼剖面前缘,如图4-3所示。

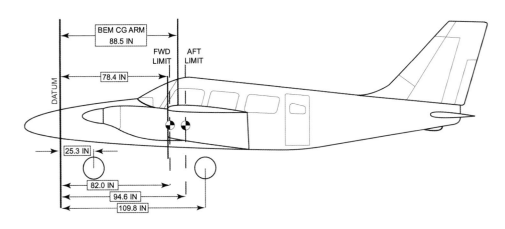

图4-3 多发飞机定位图(CAP 696 第三章 MEP1 图3.1)

MRJT1 CAP 696第四章MRJT1第2页

在中程喷气运输机的图表中,基准位于飞机机头部位,在前梁(FS)之前540 in处。前梁就是参考点,如图4-4所示。

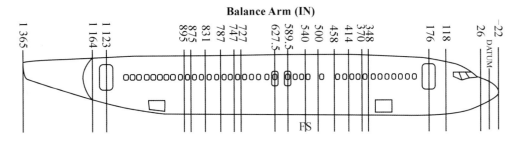

图4-4 喷气机定位图(CAP 696 第四章 MRJT1 图4.1)

● 练习1

答案见本章末。

1. 业载、基本空机重量和调整重量被称为:

a. 干使用重量

b. 使用重量

c. 总重量

d. 无燃油重量

2. 许可着陆重量:

a. 总是大于等于最大着陆重量

b. 总是小于等于最大着陆重量

c. 总是等于最大着陆重量

d. 不等于最大着陆重量

3. 最大无燃油重量的定义是:

a. 飞机不包括可用燃油但是包括商载的最小允许重量

b. 飞机包括可用燃油但是不包括商载的最大允许重量

c. 飞机包括可用燃油但是不包括商载的最小允许重量

d. 飞机不包括可用燃油但是包括商载的最大允许重量

4. 有效载量是指：

a. 干使用重量加上业载

b. 使用重量减去干使用重量

c. 总重量减去干使用重量

d. 业载

5. 以下哪一个是关于业载的描述？

a. 总重量减去干使用重量

b. 无燃油重量减去干使用重量

c. 干使用重量减去基本空机重量

d. 有效载量减去调整重量

6. 不可用燃油重量属于以下哪一个？

a. 燃油重量

b. 业载

c. 调整重量

d. 基本空机重量

7. 如果性能限制的着陆重量为 7 500 kg,最大结构限制的着陆重量为 5 400 kg,则许可着陆重量为：

a. 7 500 kg

b. 5 400 kg

c. 6 450 kg

d. 4 500 kg

## 放行最大起飞重量的计算

飞机的最大起飞重量是以下三类限制中的最小值：

1. 许可起飞重量 RTOM。其取性能限制的最大起飞重量和结构强度限制的最大起飞重量中的较小者。

2. 许可着陆重量 RLM 加上航程燃油。其中许可着陆重量是性能限制的最大着陆重量和结构强度限制的最大着陆重量中的较小者。

3. 最大无燃油重量 MZFW 加上起飞燃油。

这三类重量可以通过三列法进行计算。

例：

根据下列已知条件计算飞机实际起飞时的最大起飞重量。

结构限制的最大起飞重量为 78 000 kg。

结构限制的最大着陆重量为 71 500 kg。

最大无燃油重量为 63 000 kg。

性能限制的最大起飞重量为 85 000 kg。

性能限制的最大着陆重量为 67 000 kg。

起飞时燃油重量为 13 800 kg。

航程燃油重量为 5 200 kg。

| 许可起飞重量 | 许可着陆重量<br>+ 航程燃油 | 最大无燃油重量<br>+ 起飞燃油 |
|---|---|---|
| 78 000 kg | 67 000 kg | 63 000 kg |
|  | + 5 200 kg | + 13 800 kg |
| 78 000 kg | 72 200 kg | 76 800 kg |

实际放行的最大起飞重量为以上三个重量中的最小值,即 72 200 kg。

注意,如果飞机以许可起飞重量 78 000 kg 起飞,则当飞机到达目的地时其着陆重量为 72 800 kg(已减去航程燃油 5 200 kg),该重量超出了许可着陆重量 67 000 kg。此时,飞机的无燃油重量也超过了最大无燃油重量 63 000 kg。

● 练习2

答案见本章末。

1.根据下列条件,求放行最大起飞重量:

结构限制的最大起飞重量为 8 000 kg

结构限制的最大着陆重量为 7 500 kg

最大无燃油重量为 6 000 kg

性能限制的最大起飞重量为 7 800 kg

性能限制的最大着陆重量为 7 950 kg

起飞燃油重量为 1 450 kg

航程燃油重量为 900 kg

2.根据下列条件,求放行最大起飞重量:

结构限制的最大起飞重量为 62 000 kg

结构限制的最大着陆重量为 53 700 kg

最大无燃油重量为 48 000 kg

性能限制的最大起飞重量为 75 000 kg

性能限制的最大着陆重量为 51 400 kg

起飞燃油重量为 13 800 kg

航程燃油重量为 5 950 kg

3.根据下列条件,求放行最大起飞重量:

结构限制的最大起飞重量为 68 000 kg

结构限制的最大着陆重量为 63 900 kg

最大无燃油重量为 56 000 kg

性能限制的最大起飞重量为 65 400 kg

性能限制的最大着陆重量为 67 000 kg

起飞燃油重量为 13 300 kg

航程燃油重量为 8 200 kg

## 最大业载的计算

最大业载的计算分为两步:

1.计算放行最大起飞重量。

2. 计算最大业载。

因为 放行最大起飞重量 = 干使用重量 + 最大业载 + 起飞燃油

所以 最大业载 = 放行最大起飞重量 – 干使用重量 – 起飞燃油

例:

根据下列条件计算飞机放行最大起飞重量:

最大结构限制起飞重量 78 000 kg

最大结构限制着陆重量 71 500 kg

最大无燃油重量 63 000 kg

干使用重量 35 600 kg

最大性能限制起飞重量 85 000 kg

最大性能限制着陆重量 67 000 kg

起飞燃油 13 800 kg

航程燃油 5 200 kg

**第一步** 求出放行最大起飞重量

| 许可起飞重量 | 许可着陆重量<br>+ 航程燃油 | 最大无燃油重量<br>+ 起飞燃油 |
|---|---|---|
| 78 000 kg | 67 000 kg | 63 000 kg |
|  | + 5 200 kg | + 13 800 kg |
| 78 000 kg | 72 200 kg | 76 800 kg |

故,放行最大起飞重量为 **72 200 kg**。

**第二步** 求出最大业载

最大业载 = 放行最大起飞重量 – 干使用重量 – 起飞燃油

= 72 200 kg – 35 600 kg – 13 800 kg = <u>22 800 kg</u>

● 练习 3

答案见本章末。

1. 根据下列条件计算放行飞机最大业载:

许可最大起飞重量为 8 600 kg

许可最大着陆重量为 7 500 kg

最大无燃油重量为 6 200 kg

干使用重量为 4 150 kg

起飞燃油重量为 1 250 kg

航程燃油重量为 900 kg

2. 根据下列条件计算飞机放行最大业载:

许可最大起飞重量为 48 600 kg

许可最大着陆重量为 42 500 kg

最大无燃油重量为 39 200 kg

干使用重量为 24 150 kg

起飞燃油重量为 7 250 kg

航程燃油重量为 3 700 kg

# 最大起飞燃油的计算

最大起飞燃油的计算分为两步：

1. 计算放行最大起飞重量。

2. 计算放行最大起飞燃油。

因为　最大起飞重量 = 干使用重量 + 业载 + 最大起飞燃油

所以　最大起飞燃油 = 放行最大起飞重量 − 干使用重量 − 业载

例：

根据下列条件求放行最大起飞重量：

结构限制的最大起飞重量为 78 000 kg

结构限制的最大着陆重量为 71 500 kg

最大无燃油重量为 63 000 kg

干使用重量为 35 600 kg

性能限制的最大起飞重量为 85 000 kg

性能限制的最大着陆重量为 67 000 kg

起飞燃油重量为 8 800 kg

航程燃油重量为 5 200 kg

业载为 15 500 kg

**第一步**　求放行最大起飞重量（因起飞时的最大燃油重量未知，所以不使用最大无燃油重量）。

| 许可起飞重量 | 许可着陆重量 + 航程燃油 |
|---|---|
| 78 000　kg | 67 000 kg |
|  | + 5 200 kg |
| 78 000 kg | 72 200 kg |

放行最大起飞重量为 72 200 kg。

**第二步**　求起飞时最大燃油重量。

最大起飞燃油 = 放行最大起飞重量 − 干使用重量 − 业载

= 72 200 kg − 35 600 kg − 15 500 kg = 21 100 kg

● 练习 4

答案见本章末。

1. 根据下列条件求最大起飞燃油重量：

结构限制的最大起飞重量为 62 000 kg

结构限制的最大着陆重量为 53 700 kg

最大无燃油重量为 48 000 kg

干使用重量为 21 650 kg

性能限制的最大起飞重量为 75 000 kg

性能限制的最大着陆重量为 51 400 kg

起飞燃油重量为 8 800 kg

航程燃油重量为 5 950 kg

业载为 16 800 kg

2. 根据下列条件求最大起飞燃油重量：

结构限制的最大起飞重量为 48 600 kg

结构限制的最大着陆重量为 42 500 kg

最大无燃油重量为 39 200 kg

干使用重量为 24 150 kg

起飞燃油重量为 5 250 kg

航程燃油重量为 3 700 kg

业载为 12 500 kg

# 练习题答案

● 练习1

1. d　2. b　3. d　4. c　5. b　6. d　7. b

● 练习2

1. 7 450 kg(7 800 kg、8 400 kg、7 450 kg 中的最小值)

2. 57 350 kg(62 000 kg、57 350 kg、61 800 kg 中的最小值)

3. 65 400 kg(65 400 kg、72 100 kg、69 300 kg 中的最小值)

● 练习3

1. 2 050 kg(7 450 kg – 4 150 kg – 1 250 kg)

2. 14 800 kg(46 200 kg – 24 150 kg – 7 250 kg)

● 练习4

1. 18 900 kg(57 350 kg – 21 650 kg – 16 800 kg)

2. 9 550 kg(46 200 kg – 24 150 kg – 12 500 kg)

# 第五章
# 飞机称重与地板承重

## 概述

图5-1　飞机称重

　　飞机在其服役期内需要定期进行称重。具体的时间间隔在本书第八章JAR-OPS 1要求中有所提及。本章重点说明飞机称重的具体实施方法,此外还会涉及飞机货舱配载的基本原理。

## 称重

　　飞机通常是由制造厂商根据客户的需求进行配置,在出厂时具有特定的基本空机重量(参见第四章)。目前常用的飞机称重装置有三种:
　　➢ 静流称重装置。
　　➢ 地面称重台。
　　➢ 电子称重装置。
　　静流称重装置是一套非常庞大的利用静止流体压强原理进行称重测量的仪器,在工作时需要使用砝码来进行校准。它们通常安置在飞机的千斤顶与飞机结构稳固位置之间,也被称为千斤顶支座。当飞机被完全撑离地面时,飞机的重量会被转换为液体压强形式作用在仪器上。
　　地面称重台通常安装在称重房间的地板下方,当飞机被牵引至称重台上时,称重台就能够记录下各个支撑臂所承受的重量大小。
　　电子称重装置则安装有应变式传感仪或压变式传感仪。这些电子传感装置可以被制作为薄板并放置在机轮下,也可以以其他形式安放在飞机的千斤顶及支座处。前者的使用最为普遍,因为只需要将飞机牵引到装置上就能够称出飞机重量。

根据牛顿作用力与反作用力定律,无论采用哪种装置,从仪器读出的重量读数均为飞机重力反作用力的大小。如果该重量是通过对机轮的称重方法获得的,也可以叫作轮重。

飞机在称重时需要保持飞行中的水平姿态。为了达到这一目的,通常称重时会在飞机上安放压舱物,或是直接在称重装置的支撑臂上安装箍口物。这样一来,称重装置也会测量到这部分项目的重量,所以飞机的实际总重应该为装置读数减去压舱物或箍口物的重量。

## 计算基本空机重心位置

飞机与称重装置的作用点到飞机基准的距离已知或可以通过精确测量得到,每一个作用点到基准都有一个力臂,这样一来就可以计算出该点的力对基准所产生的力矩大小。

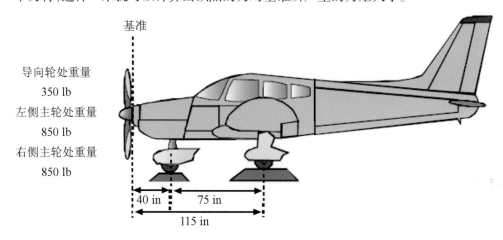

图5-2　通过称重来获取飞机的基本空重BEM

例如,如图5-2所示,求图中飞机的基本空机重量和重心位置。

| | 重量/lb | | 力臂/in | +力矩/(lb·in) | −力矩/(lb·in) |
|---|---|---|---|---|---|
| 导向轮 | 350 | × | 40 | 14 000 | |
| 左侧主轮 | 850 | × | 115 | 97 750 | |
| 右侧主轮 | 850 | × | 115 | 97 750 | |
| **总重量** | **2 050** | **合力矩** | | **209 500** | |

209 500 lb·in ÷ 2 050 lb ≈ + 102.20 in

同样,如果飞机添加了压舱物或箍口物,它们产生的力矩也会被计入在内。为了保证计算结果准确,需要扣除它们的干扰。以下计算演示了当飞机在称重时使用了压舱物或箍口物以后,扣除其对重量和力矩影响的方法:

| | 重量/lb | | 力臂/in | +力矩/(lb·in) | −力矩/(lb·in) |
|---|---|---|---|---|---|
| 导向轮 | 1 350 | × | −40 | | −54 000 |
| 箍口物 | −13 | × | −40 | +520 | |
| 左侧主轮 | 3 850 | × | +45 | 173 250 | |
| 右侧主轮 | 3 900 | × | +45 | 175 500 | |
| 压舱物 | −200 | × | +30 | | −6 000 |

| 合计 | | 349 270 | −60 000 |

**总重量　8 900** 　　　　　　　**合力矩**　　+ 289 270

+ 289 270 lb·in ÷ 8 900 lb = + 32.50 in

● **练习1**

答案见本章末。

1. 称重时,在飞机各轮胎处所测得的重量为:

导向轮处为1 000 kg,距基准 − 92.5 in;

主轮处为3 750 kg,距基准 + 68.75 in;

飞机左右两侧各有1导向轮和1主轮,需在距基准 + 350 in处设置150 kg压舱物。

求飞机重心位置和基本空机重量。

2. 如图5-3所示,求飞机重量。

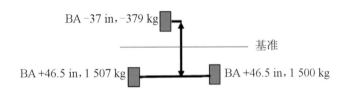

图5-3　机轮称重结果

3. 计算下列飞机重心位置。

| | 反作用力/N | 力臂/in | +力矩/(N·in) | −力矩/(N·in) |
|---|---|---|---|---|
| 机头千斤顶 | 16 677 | +25 | | |
| 左侧主轮千斤顶 | 34 335 | +303 | | |
| 右侧主轮千斤顶 | 34 335 | +303 | | |

# 地板承重

在设计飞机结构时需尽量考虑让各部分越轻越好,地板也不例外。地板由横梁支撑(如图5-4中蓝色部件所示)。图中红色沿径向安放的是纵梁,黄色环状的是肋条。横梁两端固定在纵梁与肋条相交处。在客舱舱段,乘客的重量通过座椅传递给座椅滑轨(图中暗黄色部件),座椅滑轨又将其传递给横梁。因为飞机结构较轻,配载人员必须考虑所装载的人员和货物重量是否超过了飞机地板的承重极限。

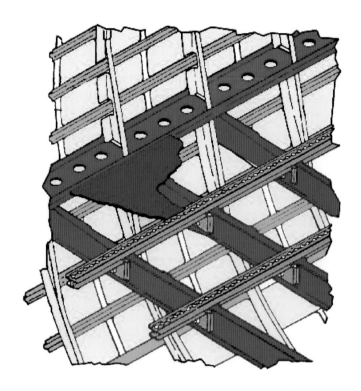

图5-4　地板结构特点

这包括：

➤ 纵向载荷（Running Load）是指沿机身纵轴方向单位长度地板所能承受的最大重量。

➤ 面积载荷（Distribution Load）是指单位面积的地板所能承受的最大重量。

纵向载荷与面积载荷对飞机影响的范例在CAP 696的各机型数据图表中可以找到。表5-1所示为货舱舱段装载限制图表。

前货舱总长280 in，货舱位于距基准220 in到500 in之间，前货舱又可细分三个子舱段，分别位于距基准220~280 in，280~340 in，以及340~500 in处。

## 前货舱

表5-1　货舱舱须装载限制

| BA/in 220 | 280 | 340 | 500 |
|---|---|---|---|
| 各舱段最大纵向载荷/(kg/in) | 10.5 | 8.9 | 15.12 |
| 最大面积载荷/(kg/ft²) | 60 | | |
| 子舱最大承重/kg | 630 | 534 | 2 419.2 |
| 最大承重/kg | 3 583.2 | | |
| 货舱形心/in | 280 | | |

如表5-1所示，前货舱前子舱段的最大允许纵向载荷为10.5 kg/in，这就意味着在该段沿径向每单位英寸长度的地板最大可以承受10.5 kg的重量。在上表中可以看到前货舱三个子舱段的纵向载荷限制各不相同。

舱段最大承重由该段长度乘以纵向载荷得到。例如,前货舱前子舱段总长 60 in(280 in – 220 in),该段允许的纵向载荷为 10.5 kg/in,则该段最大承重为 60 in × 10.5 kg/in = 630 kg。

将三个子舱段的最大承重相加,就得到前货舱最大承重为 3 583.2 kg。

纵向载荷限制可以保护飞机的结构框架不会因超载而损坏。飞机纵向载荷限制不会因地板长度变化而变化。

例如,现有一集装箱宽 10 in、长 20 in、重 200 kg(如图 5-5 所示),预将其放入前货舱前子舱段,该段沿径向的最大允许纵向载荷为 10.5 kg/in,要计算出该集装箱实际带来的纵向载荷大小,就需要用集装箱重量除以集装箱长度(200 kg ÷ 20 in = 10 kg/in)。可以看出实际纵向载荷小于该段纵向载荷限制 10.5 kg/in。

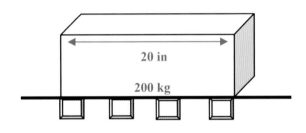

20 in

200 kg

图 5-5　纵向载荷的产生

然而如果将同一集装箱水平旋转 90° 后再放入前货舱前子舱段(如图 5-6 所示),集装箱的纵向载荷增加到 200 kg ÷ 10 in = 20 kg/in,这样一来就超过了货舱前子舱段能够承受的纵向载荷限制。

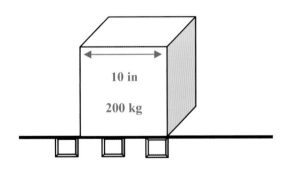

10 in

200 kg

图 5-6　纵向载荷的产生

### 面积载荷

面积载荷是指每平方区域内结构框架能够承受的最大物体重量。例如,现有一重200 kg、高10 in、宽10 in、长20 in的箱子(如图5-7所示),其载荷强度为143.88 kg/ft²。

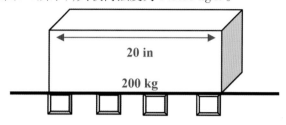

图5-7　面积载荷的产生

10 in × 20 in = 200 in²

200 in² ÷ 144 = 1.39 ft²　[1 ft² = 144 in²(12 in × 12 in)]

200 kg ÷ 1.39 ft² = 143.88 kg/ft²

这样一来,该箱子就不能够安全放入货舱,因为箱子产生的面积载荷远远超过了货舱能够承受的60 kg/ft²的限制,尽管箱子的纵向载荷(200 kg ÷ 20 in = 10 kg/in)仍然在前货舱前段10.5 kg/in的纵向载荷限制以内。为了能够运输密度大而体积小的货物,需要使用垫板。

 垫板

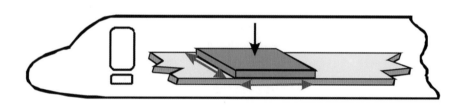

图5-8　垫板的使用

垫板主要用于增大货物与地板间的接触面积。例如,一箱金条,重700 kg、宽12 in、高10 in、长30 in,货舱纵向载荷为10 kg/in,面积载荷为50 kg/ft²,现要将金条放入货舱而又不超过货舱承重限制,则所需垫板的最小面积应为14 ft²。

700 kg ÷ 50 kg/ft² = 14 ft²

因此,当将金条放入该货舱时,就必须让金条的重量均匀分布在这14 ft²的面积之上。然而需要注意的是,14 ft²大小的面积可以对应为长14 ft、宽1 ft,或任意满足乘积为14 ft²的长宽组合。为了找出所需垫板的最小长度,就需要利用货舱的最大纵向载荷:

700 kg ÷ 10 kg/in² = 70 in　约合5.83 ft

最终可以看出,为了让飞机货舱运输这件金条时不出现结构损坏,就需要使用面积至少为14 ft²以及长度至少为70 in的垫板。为了进一步得到垫板的宽度,还需要将14 ft²先换算为平方英寸,然后除以70。

14 ft² × 144 = 2 016 in²

2 016 in² ÷ 70 in = 28.8 in

结论:一个长70 in、宽28.8 in的垫板可以用于承载这件金条。此外,垫板的自重也不能忽视。如果长70 in、宽28.8 in的垫板自重为40 kg,那么在计算施加在垫板上的重量时就必须计入它,也就是说任何为了确保飞机地板装载安全而引入的设备均必须计入其自重。所以在实际操作中,采用的垫板尺寸应该比前面的计算结果更大一些。

例:

1. 一箱金条重 500 kg,宽 10 in,高 10 in,长 20 in。货舱纵向载荷限制为 10 kg/in,面积载荷限制为 50 kg/ft²。如直接将金条放入货舱将超过货舱载荷强度限制。为了确保货舱结构安全,至少需要使用以下哪一个垫板?

a. 长 50 in,宽 30 in,重 30 kg

b. 长 40 in,宽 50 in,重 38 kg

c. 长 60 in,宽 30 in,重 45 kg

d. 长 55 in,宽 35 in,重 35 kg

● 解:

选项 a.长 50 in,宽 30 in,共承重 530 kg

纵向载荷为 530 kg ÷ 50 in = 10.6 kg/in,超出货舱限制。

选项 b.长 40 in,宽 40 in,共承重 538 kg

纵向载荷为 538 kg ÷ 40 in = 13.45 kg/in,超出货舱限制。

选项 c.长 60 in,宽 30 in,共承重 545 kg

纵向载荷为 545 kg ÷ 60 in = 9.1 kg/in,没有超出货舱限制。

面积载荷为 545 kg ÷ 12.5 ft² = 43.6 kg/ft²

60 in × 30 in = 1 800 in² ÷ 144 = 12.5 ft²

1 ft² = 144 in²

选项 d.长 55 in,宽 35 in,共承重 535 kg

纵向载荷为 535 kg ÷ 55 in = 9.73 kg/in,没有超出货舱限制。

面积载荷为 535 kg ÷ 13.37 ft² = 40.0 kg/ft²

● 答案:

c。因为 c 的垫板面积小于 d。

## 形心

形心在计算整个货舱段所对应的力臂大小时使用。形心通常位于货舱和其他舱段的几何中心,参见图 5-8。以形心到基准的距离作为货舱的平衡力臂。

## 装载安全

根据机型和货物种类的不同,大型货运飞机一般使用专门的集装箱式或货盘式货舱;客机一般使用集装箱放置行李或直接将行李堆叠进货舱。无论使用何种方法,配载人员除了确保装载安全以外,还必须确保货物不会在飞行中发生移动。货物一旦移动,就会改变飞机重心位置,这样一来,轻则导致飞机结构损坏,重则使飞机失控坠毁。

集装箱、货盘、垫板和系留设施均用于保证飞机的装载安全。在进行重量与平衡计算时,这些设备的自重也必须予以考虑。这部分重量虽然属于业载的一部分,但是不会带来任何收益。

# 练习题答案

● 练习1

1.计算基本空机重量和重心位置。

表5-2中均为称重时的单侧主机轮相关数据,因为飞机左右两侧各有一主轮,因此在实际计算时需要将表中数据乘以2。

表5-2　某飞机称重计算表

| 项目 | 重量/kg | 力臂/in | +力矩/(kg·in) | −力矩/(kg·in) |
|---|---|---|---|---|
| 导向轮 | 2 000 | −92.5 | | −185 000 |
| 左侧主轮 | 7 500 | +68.75 | +515 625 | |
| 右侧主轮 | 7 500 | +68.75 | +515 625 | |
| 压舱物 | −150 | +350 | | −52 500 |
| 小计 | | | | −237 500 |
| 总重量 | 16 850 | 合力矩 | +793 750 kg in | |
| +793 750 kg· in ÷ 16 850 kg = +47.11 in | | | | |
| 基本空机重量为16 850 kg,基本空机重心位于基准右侧47.11 in处。 | | | | |

2.根据图5-3,计算飞机重量。

379 kg+1 507 kg+1 500 kg=3 386 kg

因此,飞机重量为3 386 kg。

3.计算表5-3机型的重心。

表5-3　某飞机称重计算表

| 项目 | 反作用力/N | 力臂/in | +力矩/(N·in) | −力矩/(N·in) |
|---|---|---|---|---|
| 机头千斤顶 | 16 677 | +25 | +416 925 | |
| 左侧主轮千斤顶 | 34 335 | +303 | +10 403 505 | |
| 右侧主轮千斤顶 | 34 335 | +303 | +10 403 505 | |
| 总重 | 85 347 | | +21 223 935 | |
| | | | | |
| +21 223 935 N· in ÷ 85 347 N ≈ +248.68 in | | | | |
| 重心在距基准+248.68 in处。 | | | | |

# 第六章
# 重量移动和重量增减

## 概述

第二章不仅对确定重心位置的基本理论和方法进行了介绍,而且对重量增加、减少、移动给重心位置带来的影响进行了求解。使用第二章的求解方法虽然能够求出正确答案,但较费时间,为了提高考试答题效率(实际工作中也需如此),可以使用简化公式来计算求解重量改变所带来的影响,以及为了调整重心位置所需要调整的重量。

该简化公式如下所示,本章的主要目的就是帮助读者熟练掌握这一公式并解决实际问题。如果读者认为该公式难以理解掌握,那么不必强求,可以仍然使用第二章所介绍的方法。

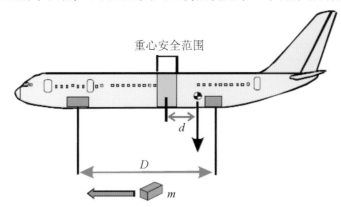

图6-1　重量移动或增减的快速计算

$$m/M=d/D$$

其中:

*m* 为被移动或被增减的重量;

*M* 为飞机总重量;

*d* 为重心的改变量;

*D* 为被移动或被增减的重量的移动距离。

## 重量移动

当将一定重量的物体从一个位置移向新的位置时,会给飞机的合力矩带来双重影响。其一是将该重量从原位置移出,其二是将该重量移入新位置。二者互为依赖,成对出现。因此在实际计算中,为了获得相同的重心改变效果,移动物体的重量必然小于仅仅移出或移入物体的重量。

显然易见,被移动物体的重量仍然属于业载的一部分,飞机总重量不会因此而发生变化。飞机重心位置的改变量取决于被移动物体的重量大小和移动距离的大小。重心位置的移动方向与物体的移动方向一致。利用简化公式,可以根据拟调整的重心位置求出被移动物体的重量,也可以根据被移动物体的重量求出重心位置的改变量。

利用简化公式求解重量移动问题请参见例1和例2。

## 重量增加

往飞机上增加重量也会带来双重影响。首先合力矩增大,其次总重量增大。这种影响导致飞机重心位置向被添加物体一侧移动。而重心移动的多少取决于被添加物体重量的大小、物体所在位置以及飞机原有重量的大小。

使用简化公式,可以根据需要调整的重心位置求出拟增加物体的重量,或者根据被添加物体的重量求出重心位置的改变量。

利用简化公式求解重量增加问题请参见例3和例4。

## 重量减少

从飞机上移走重量所起的作用与增加重量相反,合力矩和总重量均会减小。这样一来,飞机重心位置将向被移走物体处的反方向移动。而重心移动的多少由被移走物体重量的大小、物体原所在位置以及飞机原有重量的大小决定。

使用简化公式,可以根据需要调整的重心位置求出拟移走物体的重量,或者根据被移走物体的重量求出重心位置的改变量。

利用简化公式求解重量减少问题请参见例5和例6。

在每例之后安排有三个练习,答案在本章最后部分给出。

## 练习

● **例1 求拟移动的重量**

根据下列条件,试计算拟将飞机重心调整到重心安全范围中点位置需要移动多少重量。

| | |
|---|---|
| 总重量 | 10 000 kg |
| 飞机重心 | 站位 + 8 ft |
| 重心前极限 | 站位 + 10 ft |
| 重心后极限 | 站位 + 16 ft |
| 前货舱 | 站位 + 5 ft |
| 后货舱 | 站位 + 20 ft |

1. 求飞机调整后重心位置,原重心位置与调整后重心位置的间距,重心移动方向。

2. 求被移动重量原所在位置与现所在位置间距。

图6-2简单说明了以上相关移动距离和移动方向。

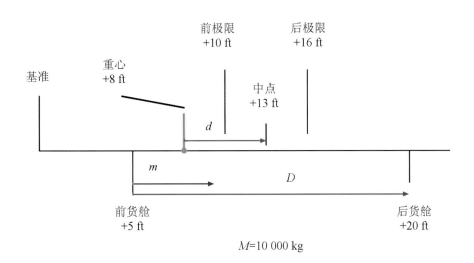

图6-2　某飞机重量移动示意图

本例中：

| | |
|---|---|
| $m$ = 被移动重量 | **未知** |
| $M$ = 飞机总重量 | 10 000 kg |
| $d$ = 重心移动距离 | 5 ft（13 ft – 8 ft） |
| $D$ = 重量 $m$ 被移动的距离 | 15 ft（20 ft – 5 ft） |

因为新重心位置位于原重心位置之后，所以应将 $m$ 向机尾移动。

$$\frac{m}{M} = \frac{d}{D} \qquad m = \frac{5\ \text{ft} \times 10\ 000\ \text{kg}}{15\ \text{ft}} \qquad m = \frac{50\ 000\ \text{kg} \cdot \text{ft}}{15\ \text{ft}}$$

$$m = 3\ 333.333\ \text{kg}$$

**答案：**被移动物体重量为 3 333.33 kg。

● **练习1　求被移动重量**

问题1. 如图6-3所示，要将重心移到重心安全范围中点处，需要移动多少重量？

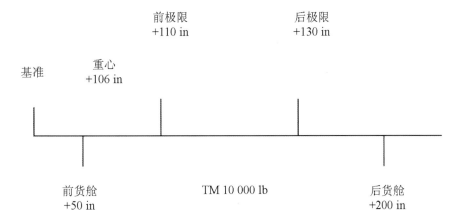

图6-3　某飞机重心计算特征位置示意图

问题2.某飞机具体情况如下,要使飞机重心位于安全范围内,需移动多少重量?

| 基准 | 站位 | 0.0 |
| --- | --- | --- |
| 前极限 | 站位 | − 30.0 in |
| 后极限 | 站位 | + 25.0 in |
| 前货舱 | 站位 | − 600.0 in |
| 后货舱 | 站位 | + 600.0 in |
| 重心位置 | 站位 | + 30.0 in |
| 总重量 | | 120 000 kg |

问题3.某飞机具体情况如下,要将该飞机重心调整到后极限处,需从前货舱向后货舱移动多少重量?

| 基准 | 0.0 |
| --- | --- |
| 重心安全范围 | 6.0 ft |
| 后极限 | − 2.5 ft |
| 前货舱 | − 45.0 ft |
| 后货舱 | + 15.0 ft |
| 合力矩 | − 225 000.00 kg·ft |
| 总重量 | 50 000 kg |

### 例2 求重量移动后的重心位置

某轻型飞机飞行员携带了4名乘客,这些乘客分别位于中排和后排。起飞前,位于后排的一名重200 lb的乘客向飞行员提出请求希望能够坐到前排。如果飞行员同意其请求,求调整后的飞机重心位置。

已知条件:

| 飞机装载后总重 | 4 451 lb |
| --- | --- |
| 装载后重心位于 | + 92.0 in |
| 重心前极限为 | + 82.0 in |
| 重心后极限为 | + 94.0 in |
| 前排座椅位于 | + 85.5 in |
| 中排座椅位于 | + 118.5 in |
| 后排座椅位于 | + 157.5 in |

解题思路:

1.求出该乘客的移动距离。

2.注意该乘客的移动方向。

图6-4简单说明了重心移动距离和方向。

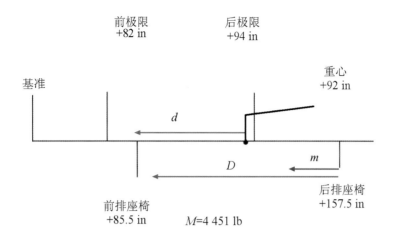

图6-4　某飞机重量移动示意图

本例中：

| | | |
|---|---|---|
| $m$ = 被移动重量 | 200 lb | |
| $M$ = 飞机总重量 | 4 451 lb | |
| $d$ = 重心移动距离 | **未知** | |
| $D$ = 移动$m$的距离 | 72 in（157.5 in – 85.5 in） | |

被移动重量的新位置位于原位置之前。$d$的移动方向与重心移动方向一致。

$$\frac{m}{M}=\frac{d}{D} \qquad d=\frac{200\ \text{lb} \times 72\ \text{in}}{4\ 451\ \text{lb}} \qquad d=\frac{14\ 400\ \text{lb} \cdot \text{in}}{4\ 451\ \text{lb}}$$

$$d=3.235\ \text{in}$$

重心从原位置前移3.24 in，即+88.76 in。

### 练习2　求重心移动位置

问题1. 如图6-5所示，将100 lb货物从飞机后货舱移到前货舱，求移动后的飞机重心位置。

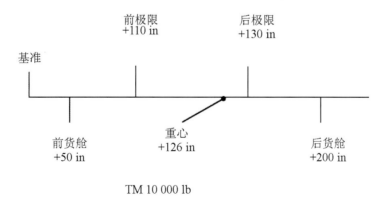

TM 10 000 lb

图6-5　某飞机重心计算特征位置示意图

问题2. 将500 kg货物从飞机前货舱移到后货舱之后，飞机重心是否仍在重心限制范围以内？

| | | |
|---|---|---|
| 基准 | 站位 | 0.0 |
| 前极限 | 站位 | – 30.0 in |
| 后极限 | 站位 | + 25.0 in |

| 前货舱 | 站位 | – 500.0 in |
|---|---|---|
| 后货舱 | 站位 | + 200.0 in |
| 重心位置 | 站位 | – 27.0 in |
| 总重量 | | 120 000 kg |

问题 3. 货物与货盘总重 1 000 kg,在准备将其放入飞机前货舱时发现其超过了前货舱门的尺寸大小,因此不得不重新将其放入后货舱。根据下列初始条件,求飞机重心位置。

| 基准 | 0.0 |
|---|---|
| 重心安全范围 | 6.0 ft |
| 后极限 | – 2.5 ft |
| 前货舱 | – 45.0 ft |
| 后货舱 | + 15.0 ft |
| 合力矩 | – 225 000.00 kg·ft |
| 总重量 | 50 000 kg |

### 例 3　求拟增加的重量

根据下列条件,试确定为了将飞机重心调整到重心安全范围中点,需在飞机后货舱增加多少重量?

条件如下:

| 飞机总重为 | | 10 000 kg |
|---|---|---|
| 重心位置 | 站位 | + 8 ft |
| 重心前极限 | 站位 | + 10 ft |
| 重心后极限 | 站位 | + 16 ft |
| 前货舱 | 站位 | + 5 ft |
| 后货舱 | 站位 | + 20 ft |

解题思路:

1. 根据已知条件先求出重心所需移动距离和移动方向,得到 $d$。
2. 求出所需增加重量所在位置与新重心所在位置之间的距离大小,得到 $D$。
3. 根据飞机原总重量大小,得到 $M$。
4. 利用公式 $m/M = d/D$ 进行求解。

图 6-6 简单说明了重心移动距离和移动方向。

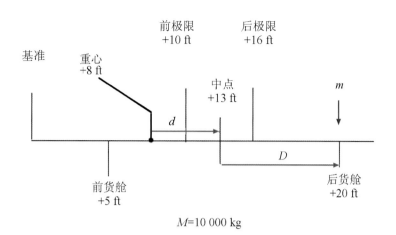

图6-6　某飞机重量增减示意图

本例中：

| | | |
|---|---|---|
| $m$ = 被增加重量 | | 未知 |
| $M$ = 飞机原总重量 | | 10 000 kg |
| $d$ = 重心移动距离 | | 5 ft（13 ft － 8 ft） |
| $D$ = $m$ 距新重心的距离 | | 7 ft（20 ft － 13 ft） |

因为新重心位置为已知条件，可根据后货舱位置求出 $D$ 的大小。

$$\frac{m}{M} = \frac{d}{D} \qquad m = \frac{5\ ft \times 10\ 000\ kg}{7\ ft} \qquad m = \frac{50\ 000\ kg \cdot ft}{7\ ft}$$

$$m = 7\ 142.86\ kg$$

需在后货舱增加 7 142.9 kg，用以移动重心到指定位置。

### 练习3　求拟增加重量大小

问题1. 如图6-7所示，为了将飞机重心位置移动到重心安全范围中点处，需增加多少重量？

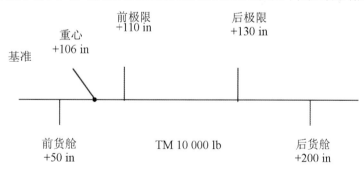

图6-7　某飞机重心计算特征位置示意图

问题2. 根据下列条件，为了将飞机重心位置调整到重心安全范围以内，求需增加多少重量？

| | | |
|---|---|---|
| 基准 | 站位 | 0.0 |
| 前极限 | 站位 | － 30.0 in |
| 后极限 | 站位 | ＋ 25.0 in |
| 前货舱 | 站位 | － 600.0 in |

飞机重量与平衡

| 后货舱 | 站位 | + 600.0 in |
| --- | --- | --- |
| 重心位置 | 站位 | + 30.0 in |
| 总重量 | | 120 000 kg |

问题3. 根据下列条件,为了将飞机重心移动到重心前极限处,需将多少重量货物放入飞机货舱?

| 基准 | 0.0 |
| --- | --- |
| 重心安全范围 | 6.0 ft |
| 后极限 | – 2.5 ft |
| 前货舱 | – 45.0 ft |
| 后货舱 | + 15.0 ft |
| 合力矩 | – 225 000.00 kg·ft |
| 总重量 | 50 000 kg |

**例4　求重量增加后的重心位置**

某轻型飞机飞行员携带了4名乘客,分别位于中排和后排。在飞行员已完成了舱单计算准备起飞时,另有一名重185 lb的飞行员请求加机组并坐在前排。求增加该飞行员之后的飞机重心位置。

已知条件:

| 飞机装载后总重 | 4 451 lb |
| --- | --- |
| 装载后重心 | + 92.0 in |
| 重心前极限 | + 82.0 in |
| 重心后极限 | + 94.0 in |
| 前排座椅 | + 85.5 in |
| 中排座椅 | + 118.5 in |
| 后排座椅 | + 157.5 in |

本例中,所增加的重量 $m$ 为已知量, $M$ 为调整后的飞机总重量。

解题思路:

1. 求 $D$, $D$ 为需增加重量位置与当前重心位置之间的距离。

2. 求 $M$,飞机调整前总重 + 增加重量 = 飞机调整后总重 $M$。

3. 注意调整后的重心变化方向,应与所增加重量相对于原重心位置的方向保持一致。

图6-8简单说明了重心移动距离和移动方向。

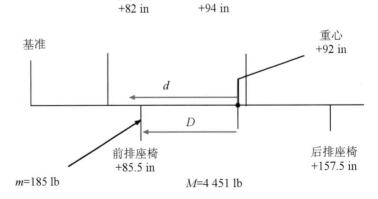

图6-8　某飞机重量增减示意图

本例中：

| | |
|---|---|
| $m$ = 被增加重量 | 185 lb |
| $M$ = 飞机调整后总重量 | 4 636 lb(4 451 lb ＋ 185 lb) |
| $d$ = 重心移动距离 | **未知** |
| $D$ = $m$ 距原重心的距离 | 6.5 in(92 in － 85.5 in) |

因为调整前重心位置为已知量，$D$ 为 $m$ 所在位置与调整前重心所在位置之间的距离。又因为增加重量位于原重心之前，所以重心移动方向向前。

$$\frac{m}{M} = \frac{d}{D} \qquad d = \frac{185\ \text{lb} \times 6.5\ \text{in}}{4\ 636\ \text{lb}} \qquad d = \frac{1\ 202.5\ \text{lb} \cdot \text{in}}{4\ 636\ \text{lb}}$$

$$d = 0.259\ \text{in}$$

因此，增加一名飞行员后的重心位置为 92.0 in － 0.26 in ＝ 91.74 in。

### 练习4　求重量增加以后的重心位置

问题1. 如图6-9所示，将300 lb行李放入客舱中位置 ＋ 120.5 in 处，求飞机重心位置。

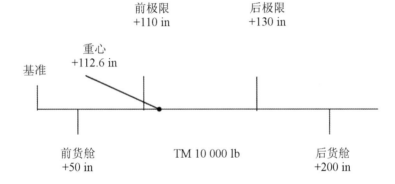

图6-9　某飞机重心计算特征位置示意图

问题2. 根据下列条件，在将3 000 kg重量放入飞机后货舱以后，求飞机重心是否位于重心安全范围以内？

| | | |
|---|---|---|
| 基准 | 站位 | 0.0 |
| 前极限 | 站位 | － 30.0 in |
| 后极限 | 站位 | ＋ 25.0 in |
| 前货舱 | 站位 | － 600.0 in |
| 后货舱 | 站位 | ＋ 600.0 in |
| 重心位置 | 站位 | － 1.0 in |
| 总重量 | | 120 000 kg |

问题3. 某货物放入飞机前货舱后会对飞机产生 － 135 000 kg·ft 的力矩影响。求飞机当前重心位置。

| | |
|---|---|
| 基准 | 0.0 |
| 重心安全范围 | 6.0 ft |
| 后极限 | － 2.5 ft |
| 前货舱 | － 45.0 ft |

| 后货舱 | + 15.0 ft |
|---|---|
| 合力矩 | − 225 000.00 kg·ft |
| 总重量 | 50 000 kg |

### 例5　求所需减少的重量

根据下列条件,为了将飞机重心调整到重心安全范围中点,需从前货舱中减少多少重量?

条件如下:

| 飞机总重为 | | 10 000 kg |
|---|---|---|
| 重心位置 | 站位 | + 8 ft |
| 重心前极限 | 站位 | + 10 ft |
| 重心后极限 | 站位 | + 16 ft |
| 前货舱 | 站位 | + 5 ft |
| 后货舱 | 站位 | + 20 ft |

解题思路:

1. 求出调整后重心位置与调整前重心位置之间的距离,以及调整后重心移动方向。

2. 求 $D$, $D$ 为调整后重心位置与被减少重量位置之间的距离。

3. 因为只有在确定被减少重量 $m$ 大小之后才知道飞机调整后总重量大小,所以在这里 $M$ 应使用飞机调整前的总重量。

图6-10简单说明了重心移动距离和移动方向。

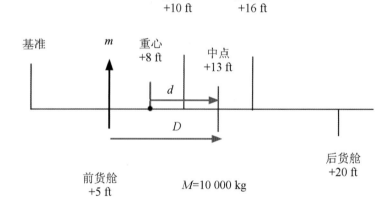

**图6-10　某飞机重量增减示意图**

本例中:

| $m$ = 被减少重量 | 未知 |
|---|---|
| $M$ = 飞机调整前总重量 | 10 000 kg |
| $d$ = 重心移动距离 | 5 ft(13 ft − 8 ft) |
| $D$ = $m$ 距新重心的距离 | 8 ft(13 ft − 5 ft) |

如果直接从飞机重心处移走重量,并不能达到移动重心位置的效果。题目给出了新重心位置,以及移走重量位置与新重心位置之间的距离 $D$。

$$\frac{m}{M} = \frac{d}{D} \qquad m = \frac{5\,\text{ft} \times 10\,000\,\text{kg}}{8\,\text{ft}} \qquad m = \frac{50\,000\,\text{kg·ft}}{8\,\text{ft}}$$

$$m = 6\,250.0\,\text{kg}$$

需要从飞机前货舱减少6 250.0 kg重量,才能够达到调整效果。

**练习5    求所需减少的重量**

问题1. 如图6-11所示,为了将飞机重心位置调整到重心安全范围中点,需减少多少重量货物?

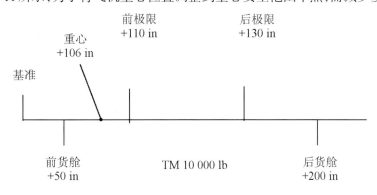

**图6-11    某飞机重心计算特征位置示意图**

问题2. 根据下列条件,试求需要减少多少重量,才能够让飞机重心位于重心安全范围以内?

| 基准 | 站位 | 0.0 |
|---|---|---|
| 前极限 | 站位 | – 30.0 in |
| 后极限 | 站位 | + 25.0 in |
| 前货舱 | 站位 | – 600.0 in |
| 后货舱 | 站位 | + 600.0 in |
| 重心位置 | 站位 | + 30.0 in |
| 总重量 | | 120 000 kg |

问题3. 根据下列条件,为了将飞机重心位置调整到后极限处,需减少多少重量?

| 基准 | 0.0 |
|---|---|
| 重心安全范围 | 6.0 ft |
| 后极限 | – 2.5 ft |
| 前货舱 | – 45.0 ft |
| 后货舱 | + 15.0 ft |
| 合力矩 | – 225 000.00 kg·ft |
| 总重量 | 50 000 kg |

**例6    求重量减少后的重心位置**

某轻型飞机飞行员携带了4名乘客,分别位于中排和后排。在起飞前,后排的两名乘客临时取消了其旅行计划,这两名乘客共重294 lb。如其他两名乘客不动,求飞机新重心位置。

已知条件:

| | |
|---|---|
| 飞机装载后总重 | 4 451 lb |
| 装载后重心 | + 92.0 in |
| 重心前极限 | + 82.0 in |
| 重心后极限 | + 94.0 in |
| 前排座椅 | + 85.5 in |
| 中排座椅 | + 118.5 in |
| 后排座椅 | + 157.5 in |

解题思路:

1.求 $D$, $D$ 为需减少重量位置与调整前重心位置之间的距离。

2.求 $M$,飞机调整前总重 – 减少重量 $m$ = 飞机调整后总重 $M$。

3.注意减少重量 $m$ 位置与重心移动方向的相互关系。

图6-12简单说明了重心移动距离和移动方向。

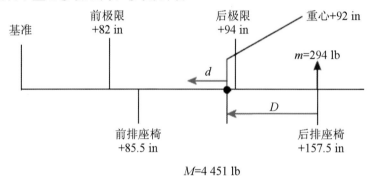

图6-12　某飞机重量增减示意图

本例中:

| | |
|---|---|
| $m$ = 被减少重量 | 294 lb |
| $M$ = 飞机调整后总重量 | 4 157 lb(4 451 lb – 294 lb) |
| $d$ = 重心移动距离 | **未知** |
| $D$ = $m$ 距原重心的距离 | 65.5 ft(157.5 ft – 92 ft) |

因为调整前重心位置为已知量,$D$ 为 $m$ 所在位置与调整前重心所在位置之间的距离。又因为减少重量位于原重心之后,所以重心移动方向向前。

$$\frac{m}{M} = \frac{d}{D} \qquad d = \frac{294\ \text{lb} \times 65.5\ \text{in}}{4\ 157\ \text{lb}} \qquad d = \frac{19\ 257\ \text{lb} \cdot \text{in}}{4\ 157\ \text{lb}}$$

$$d = 4.632\ \text{in}$$

新重心移至原重心之前4.63 in位置,即+87.37 in处。

**练习6　求重量减少之后的重心位置**

问题1. 如图6-13所示,从飞机后货舱卸下250 lb重的货物,求飞机重心位置。

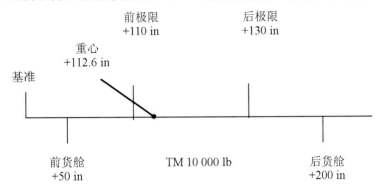

图6-13　某飞机重心计算特征位置示意图

问题2. 根据下列条件,如果从前货舱卸下1 000 kg重的货物,飞机重心是否位于重心安全范围以内?

| 基准 | 站位 | 0.0 |
| --- | --- | --- |
| 前极限 | 站位 | − 30.0 in |
| 后极限 | 站位 | + 25.0 in |
| 前货舱 | 站位 | − 600.0 in |
| 后货舱 | 站位 | + 600.0 in |
| 重心位置 | 站位 | − 1.0 in |
| 总重量 | | 120 000 kg |

问题3. 根据下列条件,从飞机后货舱卸下货物后对飞机产生了力矩为− 1 670 kg·ft的影响。求新重心位置。

| 基准 | 0.0 |
| --- | --- |
| 重心安全范围 | 6.0 ft |
| 后极限 | − 2.5 ft |
| 前货舱 | − 45.0 ft |
| 后货舱 | + 15.0 ft |
| 合力矩 | − 225 000.00 kg·ft |
| 总重量 | 50 000 kg |

## 练习题答案

● 练习1　问题1

图6-14简要说明了重心移动距离和移动方向。

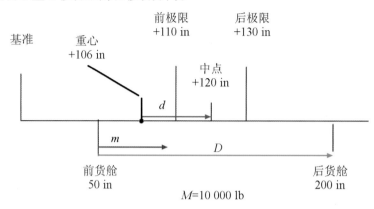

图6-14　某飞机重量移动示意图

$m$ = 被移动重量　　　　　　　　　未知

$M$ = 飞机总重量　　　　　　　　　10 000 lb

$d$ = 重心移动距离　　　　　　　　14 in（120 in – 106 in）

$D$ = 移动$m$的距离　　　　　　　150 in（200 in – 50 in）

因为新重心位于原重心之后，所以需要将$m$向后移动。

$$\frac{m}{M} = \frac{d}{D} \qquad m = \frac{14\ \text{in} \times 10\ 000\ \text{lb}}{150\ \text{in}} \qquad m = \frac{140\ 000\ \text{lb} \cdot \text{in}}{150\ \text{in}}$$

$$m = 933.33\ \text{lb}$$

需要将933.33 lb货物从前货舱移到后货舱。

● 练习1　问题2

图6-15简要说明了重心移动距离和移动方向。

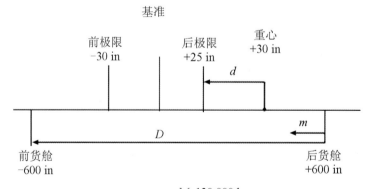

图6-15　某飞机重量移动示意图

$m$ = 被移动重量　　　　　　　　　未知

$M$ = 飞机总重量　　　　　　　　　120 000 kg

$d$ = 重心移动距离　　　　　　　　　　　　5 in(30 in – 25 in)

$D$ = 移动 $m$ 的距离　　　　　　　　　　　1 200 in(600 in + 600 in)

因为新重心位置位于原重心之前,所以需要将 $m$ 向前移动。

$$\frac{m}{M} = \frac{d}{D} \qquad m = \frac{5\ \text{in} \times 120\,000\ \text{kg}}{1\,200\ \text{in}} \qquad m = \frac{600\,000\ \text{kg} \cdot \text{in}}{1\,200\ \text{in}}$$

$$m = 500\ \text{kg}$$

需要将 500 kg 货物从后货舱移动到前货舱。

● 练习 1　问题 3

图 6-16 简要说明了重心移动距离和移动方向。

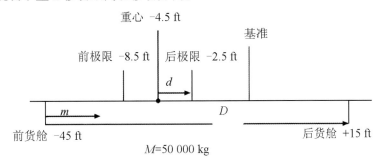

图 6-16　某飞机重量移动示意图

$m$ = 被移动重量　　　　　　　　未知

$M$ = 飞机总重量　　　　　　　　50 000 kg

$d$ = 重心移动距离　　　　　　　2 ft(4.5 ft – 2.5 ft)

$D$ = 移动 $m$ 的距离　　　　　　60 ft(45 ft + 15 ft)

因为新重心位于原重心之后,所以需要将 $m$ 向后移动。

$$\frac{m}{M} = \frac{d}{D} \qquad m = \frac{2\ \text{ft} \times 50\,000\ \text{kg}}{60\ \text{ft}} \qquad m = \frac{100\,000\ \text{kg} \cdot \text{in}}{60\ \text{ft}}$$

$$m = 1\,666.666\ \text{kg}$$

需要将 1 666.67 kg 货物从前货舱移动到后货舱。

● 练习 2　问题 1

图 6-17 简要说明了重心移动距离和移动方向。

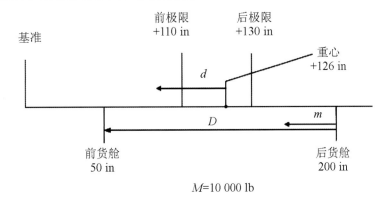

图 6-17　某飞机重量移动示意图

| | |
|---|---|
| $m$ = 被移动重量 | 100 lb |
| $M$ = 飞机总重量 | 10 000 lb |
| $d$ = 重心移动距离 | **未知** |
| $D$ = 移动 $m$ 的距离 | 150 in（200 in – 50 in） |

因为将100 lb货物移动到前舱，所以新重心位于原重心之前。

$$\frac{m}{M} = \frac{d}{D} \qquad d = \frac{100\ \text{lb} \times 150\ \text{in}}{10\ 000\ \text{lb}} \qquad d = \frac{15\ 000\ \text{lb} \cdot \text{in}}{10\ 000\ \text{lb}}$$

$$d = -1.5\ \text{in}$$

CG = +124.5 in（+126 in – 1.5 in）

新重心向前移动了1.5 in，位于+124.5 in处。

● 练习2　问题2

图6-18简要说明了重心移动距离和移动方向。

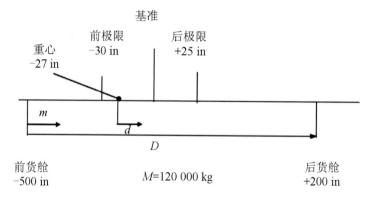

图6-18　某飞机重量移动示意图

| | |
|---|---|
| $m$ = 被移动重量 | 500 kg |
| $M$ = 飞机总重量 | 120 000 kg |
| $d$ = 重心移动距离 | **未知** |
| $D$ = 移动 $m$ 的距离 | 700 in（500 in + 200 in） |

因为将500 kg货物从前货舱移动到后货舱，所以重心后移。

$$\frac{m}{M} = \frac{d}{D} \qquad d = \frac{500\ \text{kg} \times 700\ \text{in}}{120\ 000\ \text{kg}} \qquad d = \frac{350\ 000\ \text{kg} \cdot \text{in}}{120\ 000\ \text{kg}}$$

$$d = +2.917\ \text{in}$$

CG = –24.08 in（–27 in + 2.92 in）

新重心从原重心后移2.917 in，位于+24.08 in处。

● 练习2　问题3

图6-19简要说明了重心移动距离和移动方向。

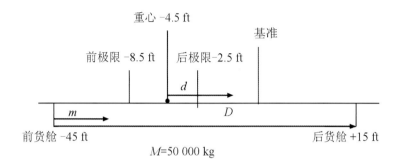

图6-19　某飞机重量移动示意图

| | |
|---|---|
| $m$ = 被移动重量 | 1 000 kg |
| $M$ = 飞机总重量 | 50 000 kg |
| $d$ = 重心移动距离 | **未知** |
| $D$ = 移动 $m$ 的距离 | 60 ft（45 ft + 15 ft） |

因为将1 000 kg货物从前货舱移动到后货舱,所以重心后移。

$$\frac{m}{M} = \frac{d}{D} \qquad d = \frac{1\,000\ kg \times 60\ ft}{50\,000\ kg} \qquad d = \frac{60\,000\ kg \cdot ft}{50\,000\ kg}$$

$$d = +1.2\ ft$$

CG = –3.3 ft（–4.5 ft + 1.2 ft）

新重心从原重心后移1.2 ft,位于–3.3 ft处,在限制范围以内。

● 练习3　问题1

图6-20简要说明了重心移动距离和移动方向。

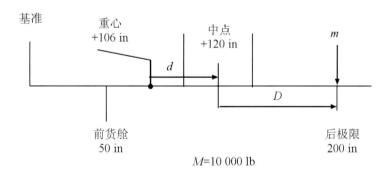

图6-20　某飞机重量增减示意图

| | |
|---|---|
| $m$ = 被增加重量 | **未知** |
| $M$ = 飞机调整前总重量 | 10 000 lb |
| $d$ = 重心移动距离 | 14 in（120 in – 106 in） |

$D = m$距新重心的距离　　　　　　　　　　　　80 in（200 in – 120 in）

新重心位于原重心之后，因此需要将$m$添加到后货舱，$D$为新重心与被增加货物位置之间距离。

$$\frac{m}{M} = \frac{d}{D} \qquad m = \frac{14\ \text{in} \times 10\,000\ \text{lb}}{80\ \text{in}} \qquad m = \frac{140\,000\ \text{lb} \cdot \text{in}}{80\ \text{in}}$$

$$m = 1\,750\ \text{lb}$$

需向飞机后货舱中增加1 750 lb重量。

● 练习3　问题2

图6-21简要说明了重心移动距离和移动方向。

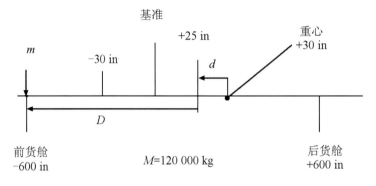

**图6-21　某飞机重量增减示意图**

$m =$ 被增加重量　　　　　　　　　　　　**未知**

$M =$ 飞机调整前总重量　　　　　　　　　120 000 kg

$d =$ 重心移动距离　　　　　　　　　　　5 in（30 in – 25 in）

$D = m$距新重心的距离　　　　　　　　　625 in（600 in + 25 in）

因此需要将$m$添加到前货舱，以使重心正好位于重心后极限。$D$为新重心与被增加货物位置之间距离。

$$\frac{m}{M} = \frac{d}{D} \qquad m = \frac{5\ \text{in} \times 120\,000\ \text{kg}}{625\ \text{in}} \qquad m = \frac{600\,000\ \text{kg} \cdot \text{in}}{625\ \text{in}}$$

$$m = 960\ \text{kg}$$

需向飞机前货舱中增加960 kg重量。

● 练习3　问题3

图6-22简要说明了重心移动距离和移动方向。

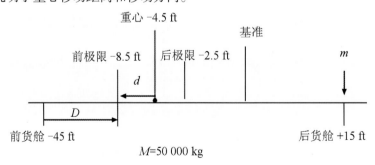

**图6-22　某飞机重量增减示意图**

$m$ = 被增加重量　　　　　　　　　　　未知

$M$ = 飞机调整前总重量　　　　　　　　50 000 kg

$d$ = 重心移动距离　　　　　　　　　　4 ft（8.5 ft – 4.5 ft）

$D$ = $m$ 距新重心的距离　　　　　　　　36.5 ft（45 ft – 8.5 ft）

因此需要将 $m$ 添加到前货舱，以使重心前移。$D$ 位于新重心与被增加货物位置之间。

$$\frac{m}{M}=\frac{d}{D} \qquad m=\frac{4\ \text{ft}\times 50\,000\ \text{kg}}{36.5\ \text{ft}} \qquad m=\frac{200\,000\ \text{kg}\cdot\text{ft}}{36.5\ \text{ft}}$$

$$m=5\,479.452\ \text{kg}$$

需向飞机前货舱中增加 5 479.45 kg 重量。

● **练习4　问题1**

图6-23简要说明了重心移动距离和移动方向。

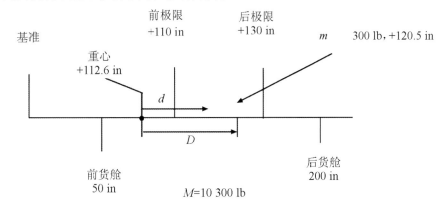

图6-23　某飞机重量增减示意图

$m$ = 被增加重量　　　　　　　　　　　300 lb

$M$ = 飞机调整后总重量　　　　　　　　10 300 lb（10 000 lb + 300 lb）

$d$ = 重心移动距离　　　　　　　　　　**未知**

$D$ = $m$ 距原重心的距离　　　　　　　　7.9 in（120.5 in – 112.6 in）

由于300 lb重量被添加到原重心之后，所以新重心位于原重心之后。$D$ 为原重心与被增加货物位置之间距离。

$$\frac{m}{M}=\frac{d}{D} \qquad d=\frac{300\ \text{lb}\times 7.9\ \text{in}}{10\,300\ \text{lb}} \qquad d=\frac{2\,370\ \text{lb}\cdot\text{in}}{10\,300\ \text{lb}}$$

$$d=+0.23\ \text{in}$$

CG = +112.83 in（112.6 in + 0.23 in）

在+120.5 in处增加300 lb重量，会使得重心后移到+112.83 in处。

● 练习4　问题2

图6-24简要说明了重心移动距离和移动方向。

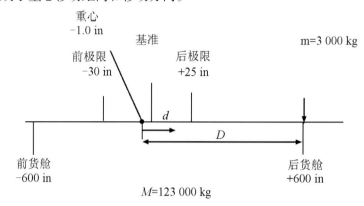

**图6-24　某飞机重量增减示意图**

$m$ = 被增加重量　　　　　　　3 000 kg

$M$ = 飞机调整后总重量　　　　123 000 kg（120 000 kg + 3 000 kg）

$d$ = 重心移动距离　　　　　　**未知**

$D$ = $m$距原重心的距离　　　　601 kg（600 kg + 1 kg）

由于$m$被添加到后货舱,所以重心向后移动。 $D$为原重心与后货舱之间的距离。

$$\frac{m}{M} = \frac{d}{D} \qquad d = \frac{3\,000\ kg \times 601\ in}{123\,000\ kg} \qquad d = \frac{1\,803\,000\ kg \cdot in}{123\,000\ kg}$$

$$d = +14.66\ in$$

CG = +13.66 in（−1.0 in + 14.66 in）

在后货舱增加3 000 kg重量,会使得重心位于+13.66 in处。

● 练习4　问题3

图6-25简要说明了重心移动距离和移动方向。

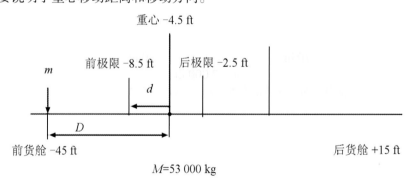

**图6-25　某飞机重量增减示意图**

$m$ = 被增加重量　　　　　　　3 000 kg

$M$ = 飞机调整后总重量　　　　53 000 kg（50 000 kg + 3 000 kg）

$d$ = 重心移动距离　　　　　　**未知**

$D$ = $m$距原重心的距离　　　　40.5 ft（45 ft − 4.5 ft）

由于增加 $m$ 产生负的作用力矩,因此用力矩除以力臂就得到了重量大小。$-135\,000\,\text{kg·ft} \div (-45\,\text{ft}) = 3\,000\,\text{kg}$。该重量导致重心前移。

$$\frac{m}{M} = \frac{d}{D} \qquad d = \frac{3\,000\,\text{kg} \times 40.5\,\text{ft}}{53\,000\,\text{kg}} \qquad d = \frac{121\,500\,\text{kg·ft}}{53\,000\,\text{kg}}$$

$$d = -2.292\,\text{ft}$$

$\text{CG} = -6.79\,\text{ft}\,[-4.5\,\text{ft} + (-2.29\,\text{ft})]$

在前货舱增加 $3\,000\,\text{kg}$ 重量,使得重心位于 $-6.79\,\text{ft}$ 处。

● 练习5　问题1

图6-26简要说明了重心移动距离和移动方向。

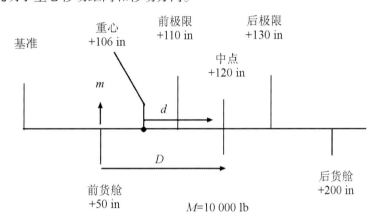

图6-26　某飞机重量增减示意图

$m =$ 被减少重量　　　　　　　　　**未知**

$M =$ 飞机调整前总重量　　　　　$10\,000\,\text{lb}$

$d =$ 重心移动距离　　　　　　　$14\,\text{in}\,(120\,\text{in} - 106\,\text{in})$

$D = m$ 距新重心的距离　　　　　$70\,\text{in}\,(120\,\text{in} - 50\,\text{in})$

由于从前货舱减少了重量 $m$,故新重心应位于原重心之后,即从原位置后移到允许范围中点处。$D$ 为前货舱与新重心位置之间的距离。

$$\frac{m}{M} = \frac{d}{D} \qquad m = \frac{14\,\text{in} \times 10\,000\,\text{lb}}{70\,\text{in}} \qquad m = \frac{140\,000\,\text{lb·in}}{70\,\text{in}}$$

$$m = 2\,000\,\text{lb}$$

为使重心移到安全范围中点处,应从前货舱减少 $2\,000\,\text{lb}$ 重量。

● **练习5　问题2**

图6-27简要说明了重心移动距离和移动方向。

基准

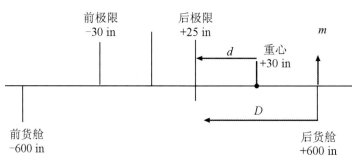

*M*=120 000 kg

**图6-27　某飞机重量增减示意图**

$m$ = 被减少重量 　　　　　　　　　　**未知**

$M$ = 飞机调整前总重量 　　　　　　　120 000 kg

$d$ = 重心移动距离 　　　　　　　　　5 in（30 in – 25 in）

$D$ = $m$ 距新重心的距离 　　　　　　 575 in（600 in – 25 in）

由于从后货舱减少了重量 $m$，所以新重心位置应向前移动。$D$ 为后货舱与新重心位置之间距离。

$$\frac{m}{M} = \frac{d}{D} \qquad m = \frac{5\ \text{in} \times 120\ 000\ \text{kg}}{575\ \text{in}} \qquad m = \frac{600\ 000\ \text{kg} \cdot \text{in}}{575\ \text{in}}$$

$$m = 1\ 043.478\ \text{kg}$$

为使重心移到重心后极限处，应从后货舱减少 1 043.48 kg 重量。

● **练习5　问题3**

图6-28简要说明了重心移动距离和移动方向。

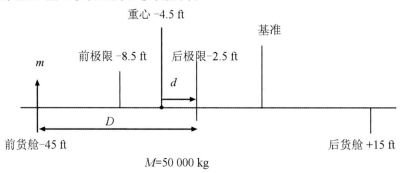

*M*=50 000 kg

**图6-28　某飞机重量增减示意图**

$m$ = 被减少重量 　　　　　　　　　　**未知**

$M$ = 飞机调整前总重量 　　　　　　　50 000 kg

$d$ = 重心移动距离 　　　　　　　　　2 ft（4.5 ft – 2.5 ft）

$D$ = $m$ 距新重心的距离 　　　　　　 42.5 ft（45 ft – 2.5 ft）

虽然所减少的重量 $m$ 未知，但是新重心位置已知。$D$ 为前货舱与新重心位置之间的距离。

$$\frac{m}{M} = \frac{d}{D} \qquad m = \frac{2\ \text{ft} \times 50\,000\ \text{kg}}{42.5\ \text{ft}} \qquad m = \frac{100\,000\ \text{kg} \cdot \text{ft}}{42.5\ \text{ft}}$$

$$m = 2\,352.94\ \text{kg}$$

为使重心移到重心后极限处,应从前货舱减少2 352.94 kg重量。

● 练习6　问题1

图6-29简要说明了重心移动距离和移动方向。

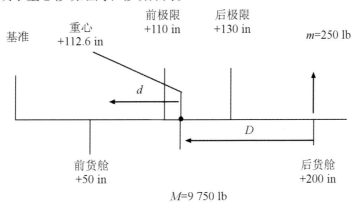

图6-29　某飞机重量增减示意图

$m =$ 被减少重量                                        250 lb

$M =$ 飞机调整后总重量               9 750 lb(10 000 lb – 250 lb)

$d =$ 重心移动距离                         **未知**

$D = m$ 距原重心的距离             87.4 in(200 in – 112.6 in)

因为从后货舱减少了250 lb重量,所以新重心位置前移。

$$\frac{m}{M} = \frac{d}{D} \qquad d = \frac{250\ \text{lb} \times 87.4\ \text{in}}{9\,750\ \text{lb}} \qquad d = \frac{21\,850\ \text{lb} \cdot \text{in}}{9\,750\ \text{lb}}$$

$$d = -2.241\ \text{in}$$

CG = +110.36 in [+112.6 in + (– 2.24 in)]

新重心将向前移动2.24 in到+110.36 in处。

● 练习6　问题2

图6-30简要说明了重心移动距离和移动方向。

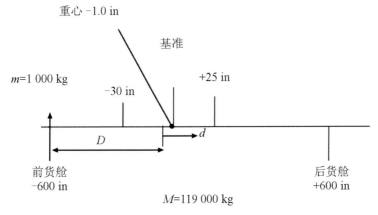

图6-30　某飞机重量增减示意图

| | | |
|---|---|---|
| $m$ = 被减少重量 | 1 000 kg | |
| $M$ = 飞机调整后总重量 | 119 000 kg(120 000 kg – 1 000 kg) | |
| $d$ = 重心移动距离 | **未知** | |
| $D$ = $m$ 距原重心的距离 | 599 in(600 in – 1 in) | |

因为从前货舱减少了重量 $m$,所以重心位置将向后移动。$D$ 为原重心位置与前货舱之间的距离。

$$\frac{m}{M} = \frac{d}{D} \qquad d = \frac{1\,000\,\text{kg} \times 599\,\text{in}}{119\,000\,\text{kg}} \qquad d = \frac{599\,000\,\text{kg}\cdot\text{in}}{119\,000\,\text{kg}}$$

$$d = +5.034\,\text{in}$$

$$\text{CG} = +4.03\,\text{in}\,(-1.0\,\text{in} +5.03\,\text{in})$$

从前货舱减少 1 000 kg 重量使得重心移动到 +4.03 in 处。

● **练习6   问题3**

图6-31简要说明了重心移动距离和移动方向。

**图6-31　某飞机重量增减示意图**

| | | |
|---|---|---|
| $m$ = 被减少重量 | 111.333 kg | |
| $M$ = 飞机调整后总重量 | 49 888.667 kg(50 000 kg – 111.333 kg) | |
| $d$ = 重心移动距离 | **未知** | |
| $D$ = $m$ 距原重心的距离 | 19.5 ft(15 ft + 4.5 ft) | |

由于减少 $m$ 产生负的作用力矩,因此用力矩除以力臂就得到了重量大小。$-1\,670\,\text{kg}\cdot\text{ft} \div (-15\,\text{ft}) = 111.333\,\text{kg}$。该重量导致重心前移。

$$\frac{m}{M} = \frac{d}{D} \qquad d = \frac{111.333\,\text{kg} \times 19.5\,\text{ft}}{49\,886.67\,\text{kg}} \qquad d = \frac{2\,170.99\,\text{kg}\cdot\text{ft}}{49\,886.67\,\text{kg}}$$

$$d = -0.044\,\text{ft}$$

$$\text{CG} = -4.54\,\text{ft}\,[-4.5\,\text{ft} + (-0.04\,\text{ft})]$$

从后货舱减少 111.333 kg 重量使得重心移动到 -4.54 ft 处。

# 第七章

# 平均空气动力弦

## 概述

轻型飞机主要使用平直翼,从图7-1可以看到,这类平直翼的平面投影形状从翼根向翼尖呈收缩状或半收缩状。由于平直翼前缘与机身纵轴垂直,所以飞机的重心安全范围横跨整个机翼翼展。

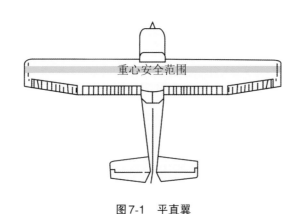

图7-1 平直翼

而现代运输机由于其大速度、高效率的特点,通常使用后掠翼。采用后掠翼的机翼,翼尖前缘会比翼根前缘的位置更靠后,有时甚至会比翼根后缘的位置还要靠后(如图7-2所示)。后掠翼飞机沿翼展方向的升力分布并不相同,并且随着飞行速度和机翼迎角的变化而变化。

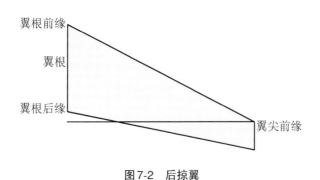

图7-2 后掠翼

平直翼飞机的重心安全范围很容易找到,是从一侧翼尖横贯另一侧翼尖并始终位于靠近机翼前缘的一长条区域。而寻找后掠翼飞机的重心安全范围相对烦琐,如果仍然使用直接连接两侧翼尖的方法(如图7-3中A所示),那么重心将位于机翼压力中心之后。为了确保重心安全范围始终位于机翼压力中心之前,就需要将重心安全范围向机翼前缘移动(如图7-3中B所示),这样一来,重心安全范围势必穿过机翼前缘。为了更加合理地标识后掠翼飞机的重心安全范围,就需要使用平均空气动力弦。

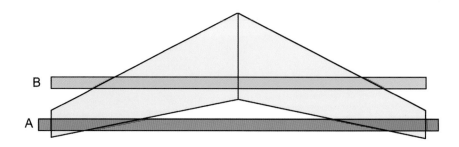

图7-3 后掠翼重心安全范围的位置

# 平均空气动力弦

所谓平均空气动力弦(MAC),是一个假想的矩形机翼的翼弦,如图7-4所示。这个假想的矩形机翼的面积、翼展宽度和俯仰力矩等特性都与原机翼相同。设置平均空气动力弦是为了便于分析飞机的俯仰稳定性。

从研究重量与平衡的角度出发,在研究飞行包线时,可以将飞机机翼视为以平均空气动力弦为弦长的假想矩形平直机翼,飞机的升力均由该假想矩形机翼产生。将该翼型前缘记为LeMAC,翼型后缘记为TeMAC。

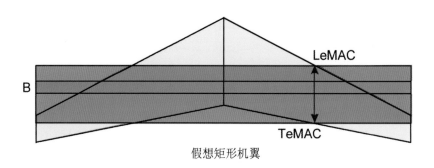

假想矩形机翼

图7-4 假想矩形平直机翼

在计算时,无论实际翼弦有多长,均将其转换为百分比的形式进行表示,如图7-5所示。LeMAC所在位置总是记为0%MAC,而TeMAC所在位置则总是记为100%MAC。这样一来,重心前后极限的位置也可以用%MAC的方法来表示。如果希望知道1%MAC的确切长度,只需要将翼弦长度除以100。

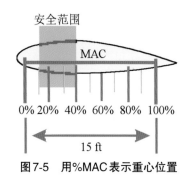

图7-5 用%MAC表示重心位置

例：15 ft ÷ 100 ＝ 0.15 ft

正如飞机上各部件均以基准为原点进行定位一样，LeMAC的位置也可用到基准的距离来表示。无论实际工作还是考试，重心到基准的距离总是可以与%MAC形式表示的重心位置相互换算。

## 将BA形式的重心位置转换为%MAC形式

重心前后极限与重心所在位置均以距基准的相对距离表示，如需以%MAC的形式给出，其表达方式如下：

$$\frac{A-B}{C} \times 100\% = \%\mathrm{MAC}$$

其中：

$A$表示基准到重心的距离；

$B$表示基准到平均空气动力弦前缘LeMAC的距离；

$C$表示平均空气动力弦MAC的弦长。

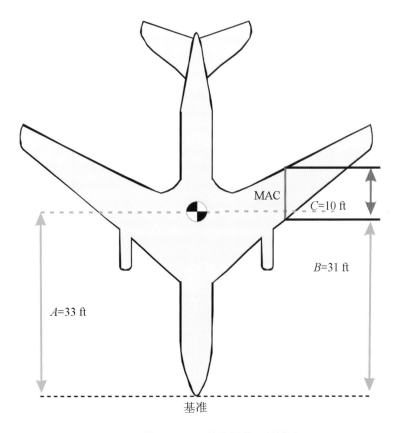

图7-6　某飞机MAC的位置关系（俯视）

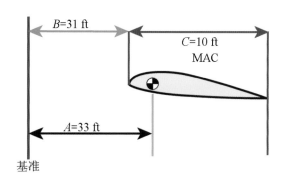

图7-7　某飞机MAC的位置关系(侧视)

图7-6和7-7中,重心位于基准后33 ft处,LeMAC位于基准后31 ft处,MAC长为10 ft。

$$\frac{A-B}{C} \times 100\% = \%MAC$$

$$\frac{33\ \text{ft} - 31\ \text{ft}}{10\ \text{ft}} \times 100\% = 20\%MAC$$

实际上,A减去B即可得到重心所在位置到LeMAC的距离,33 ft – 31 ft = 2 ft,如图7-8中蓝色阴影区域所示。

$$\frac{A-B}{C} \times 100\% = \%MAC$$

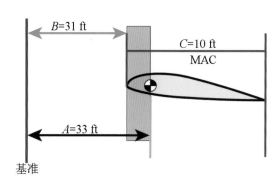

图7-8　重心与MAC前缘的位置关系(侧视)

该公式非常有用,故需要记忆,有的试题甚至以它为答案选项。在处理基准位于平均空气动力弦弦长范围内的问题时用该公式会比较笨重,如下所示。

LeMAC位于 – 2.5 m处,MAC长为3.7 m,重心位于–1.9 m处,如图7-9所示。求以％MAC表示的重心位置。

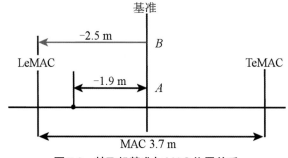

图7-9　某飞机基准与MAC位置关系

图7-9不成比例,仅供解题参考。

$$\frac{A-B}{C} \times 100\% = \%MAC$$

$$\frac{(-1.9\,m)-(-2.5\,m)}{3.7\,m} \times 100\% = 16.22\%MAC$$

如上式所示,合理使用正负号即可求解该问题。如果在解题过程中没有能够正确使用正负号,计算结果的数值不会改变,但是会多出一个负号。

$$\frac{1.9\,m - 2.5\,m}{3.7\,m} \times 100\% = -16.22\%MAC$$

实际求解时,使用计算器会让求解变得更加容易。

$$2.5\,m - 1.9\,m = 0.6\,m$$

$$0.6\,m \div 3.7\,m = 0.162\,162$$

$$0.162\,162 \times 100\% = 16.22\%$$

任何负的%MAC都表示位于LeMAC之前,任何大于100%MAC都表示位于平均空气动力弦TeMAC之后。

# 将%MAC形式的重心位置转换为BA形式

一般使用MAC,重心位置将以%MAC的标准方式给出。然而为了计算载荷力矩大小或者出于其他需要,仍然需要将重心位置转换为BA的形式,以便保证所有的计算单位是一致的。

例:

如图7-10所示,某飞机MAC长为7 ft,LeMAC位于基准后29 ft处。重心位于26.5%MAC处。试计算重心到基准的距离大小,结果保留小数点后一位。

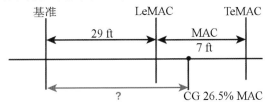

**图7-10　%MAC与BA的换算**

图7-10不成比例,仅供解题参考。待求距离在图中以"?"表示。注意,图中长度单位为英尺。

1. 将弦长除以100得到1%的MAC所对应的长度大小。

2. 将以上结果乘以26.5。

3. 将结果与29 ft相加,得到距基准的长度大小。

4. 将果四舍五入,保留小数点后一位。

解:

1. 7 ft ÷ 100 = 0.07 ft

2. 0.07 ft × 26.5 = 1.855 ft

3. 1.855 ft + 29 ft = 30.855 ft

4. 重心位于基准后30.9 ft

## 百分数表示的重心安全范围

图7-11中，重心前极限与后极限均可以%MAC的方式表示，本例中分别为10%和40%。重心所在位置为23%MAC。

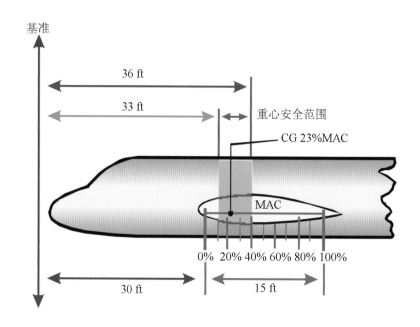

**图7-11　重心安全范围与%MAC**

某些考试试题，需要将%MAC的形式转换为距离形式，可以参考题中自带的简图或试卷后附带的参考图。例如：

如图7-11所示，将重心位置转换为距离形式。

a. 33 ft

b. 33.5 ft

c. 34 ft

d. 34.5 ft

解：

1. 15 ft ÷ 100 = 0.15 ft

2. 0.15 ft × 23 = 3.45 ft

3. 30 ft + 3.45 ft = 33.45 ft

4. 得出答案 b

这类问题的已知信息非常简短。但有时也会以其他标准形式给出：

某飞机起飞重量为 234 000 kg，重心位于 23%MAC，在 4 h 的飞行中预计消耗燃油 11 000 kg。油箱位于基准后 675 in 处，LeMAC 位于基准后 613 in 处，MAC 长为 139 in。试计算飞机在航程中点处的总重量与重心位置。

以下给出解题的大致思路。

1. 求出重心到基准的力臂大小。

2. 确定燃油重心和飞机重心谁更长。如果燃油重心更长,则重心向前移动;反之则向后移动。

3. 求出飞机起飞重量下的合力矩。

4. 求出飞机位于航程中点处的已消耗燃油的力矩大小。

5. 从飞机起飞重量对应的合力矩中减去已消耗燃油的力矩,得到航程中点处飞机重量力矩大小。

6. 从飞机起飞重量中减去已消耗燃油重量,得到总重量。

7. 求出新重心位置对应力臂。

8. 将该力臂转换为%MAC。

解:

1.

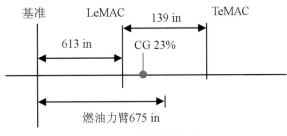

图 7-12  某飞机重心位置示意图

139 in ÷ 100 = 1.39 in

1.39 in × 23 = 31.97 in

2. 重心位于燃油平衡力臂之前,因此重心向前移动。

3. 644.97 in × 234 000 kg = 150 922 980 kg·in

4. 航程中点处燃油消耗量为 11 000 kg ÷ 2 = 5 500 kg。

5 500 kg × 675 in = 3 712 500 kg·in

5. 150 922 980 kg·in − 3 712 500 kg·in = 147 210 480 kg·in

6. 234 000 kg − 5 500 kg = 228 500 kg

7. 147 210 480 kg·in ÷ 228 500 kg = 644.25 in

8. $\dfrac{644.25 \text{ in} - 613 \text{ in}}{139 \text{ in}} \times 100\% = 22.5\% \text{MAC}$

在航程中点,总重量为 228 500 kg,重心位于 22.5%MAC。

某些情况下,可以用燃油的消耗量来表示重心位置的移动百分比。这个值可以为正也可以为负,并在原重心位置上进行增减,最后获得新的重心位置。这种方法也适用于处理襟翼的收放。

● 练习 1

选择下列选项中关于飞机重心位置描述正确的一个。已知 LeMAC 位于 +82 in,MAC 长为 60 in,重心位于 20%MAC。

　　a. 位于基准后 100 in 处

　　b. 位于 TeMAC 前 50 in 处

　　c. 位于 LeMAC 后 12 in 处

　　d. 位于基准后 96 in 处

● 练习2

某飞机重心位于基准后22.5 ft处。MAC长为7 ft。平均空气动力弦后缘位于基准后29 ft处,则重心位置的%MAC形式为:

　　a. 7.14%

　　b. 17.4%

　　c. 27%

　　d. 71%

● 练习3

某飞机装载完毕后重心位于一长为8 ft的平均空气动力弦的24%MAC处,LeMAC位于+20 ft处,重心前后极限分别为21%MAC和36%MAC。试计算重心后极限到基准的距离。

　　a. 21.92 ft

　　b. 21.68 ft

　　c. 22.88 ft

　　d. 22.92 ft

● 练习4

某飞机称重结果如下,试求出重心相对于主机轮的位置以及以%MAC表示的数值大小。导向轮处称重为130 lb,右侧主机轮处称重为1 825 lb,左侧主机轮处称重为1 865 lb。导向轮位于+4 ft,主机轮位于+10 ft。LeMAC位于+8 ft。MAC长5 ft 9 in。

　　a. 重心位于主机轮前5.8 ft,%MAC为30.5%

　　b. 重心位于主机轮前0.2 ft,%MAC为31.3%

　　c. 重心位于主机轮前0.2 ft,%MAC为30.5%

　　d. 重心位于主机轮后9.8 ft,%MAC为31.3%

# 练习题答案

● 练习1

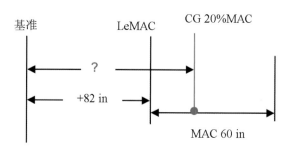

图7-13　某飞机重心位置示意图

如图7-13所示:

MAC = 60 in

1%MAC = 0.6 in

20%MAC = 12 in

**重心位于LeMAC后12 in处**

重心位于TeMAC前48 in处

重心位于基准后94 in处
正确答案 c

● 练习2

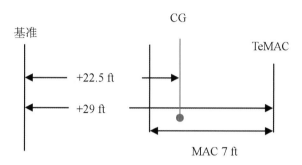

图7-14 某飞机重心位置示意图

如图7-14所示：
TeMAC距基准29 ft
MAC = 7 ft
LeMAC距基准22 ft
重心距基准22.5 ft
重心距LeMAC 0.5 ft
**重心位置为7.14%MAC**
正确答案 a

● 练习3

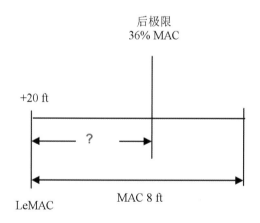

图7-15 某飞机重心后极限位置示意图

如图7-15所示：
MAC = 8 ft
1%MAC = 0.08 ft
后极限位于36%MAC，即2.88 ft处
LeMAC距基准20 ft
**后极限距基准22.88 ft**

正确答案 c

● **练习4**

　　首先快速浏览四个答案,看是否能够迅速排除某个答案。因为重心必须位于导向轮和主轮之间,否则飞机就会前倾或后倾,这样一来首先排除掉选项d。又由于飞机绝大部分重量是由主轮支撑,因此重心应该更靠近主轮,这样一来又可以排除掉选项a。最后通过计算来确定正确答案究竟应该是b还是c。

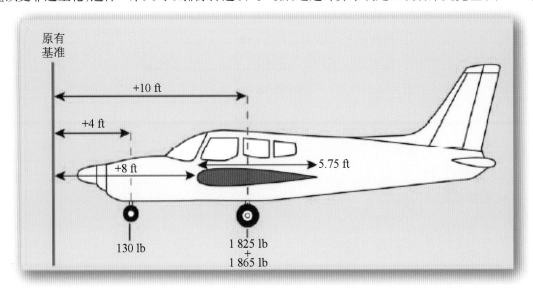

**图7-16　某飞机称重情况示意图**

　　首先找到重心位置。可以通过任意已知位置间接表示重心位置。可以用典型的参考位置来作为基准,如主轮或LeMAC。根据已知情况,要找到重心位置必须知道机轮处的重量大小和导向轮与主轮间距。又因为题目要求求出重心位置相对于主轮的距离,因此在求解的时候可临时使用主轮位置作为新的基准位置。

　　如此一来,导向轮所在位置可以表示为−6 ft,而主轮所在位置可表示为0 ft。

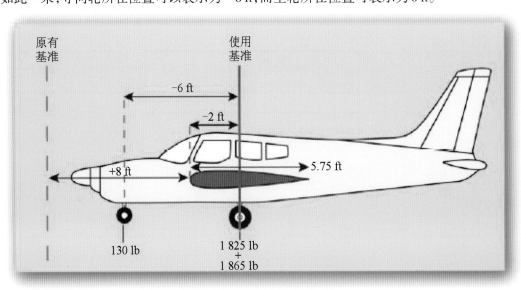

**图7-17　某飞机基准调整示意图**

| | 重量/lb | 力臂/ft | 力矩/(lb·ft) |
|---|---|---|---|
| 导向轮 | 130 | −6 | −780 |
| 右侧主轮 | 1 825 | 0 | 0 |
| 左侧主轮 | 1 865 | 0 | 0 |
| 总重量 | 3 820 | | −780 |

$$CG = \frac{-780 \text{ lb} \cdot \text{ft}}{3\,820 \text{ lb}} = -0.2 \text{ ft}$$，即**重心位于主轮前0.2 ft处**。

接下来求%MAC。

为了避开机翼处的基准,首先求出相对于最初给出基准的重心位置 = 10 ft − 0.2 ft = + 9.8 ft。

$$\%MAC = \frac{+9.8 \text{ ft} - 8 \text{ ft}}{5.75 \text{ ft}} \times 100\% = 31.3\%$$

注意:如果将5 ft 9 in误写为5.9 ft,而不是5.75 ft的话,将会得到错误答案30.5%。

# 第八章
## JAR-OPS 1的要求

### 概述

JAR-OPS 1中的子部J详细说明了针对运营商用运输机的运营人有关重量与平衡的要求。本章将对这些条款和附件进行说明。

### 配载、重量与平衡

飞机运营人对飞机的配载和重量平衡负全责。飞机运营人必须严格参照公司运行手册的相关规定对飞机进行装载操作以及计算飞机重量和重心。如果飞机适用于多种运行方式,那么选取的方法必须覆盖所有运行方式。

### 重量与平衡文档

重量与平衡文档要么以舱单和配载包线图的形式给出,要么以装载配平图表的形式给出。重量与平衡文档必须包含以下内容:

➤ 飞机登记信息和机型。
➤ 飞机注册号码和日期。
➤ 机长身份。
➤ 填写人身份。
➤ 干使用重量和重心位置。
➤ 起飞燃油量和航程燃油量。
➤ 除燃油以外的其他易耗物品重量。
➤ 装载构成,包括:乘客、行李、货物和压舱物。
➤ 起飞重量、着陆重量和无燃油重量。
➤ 装载分布情况。
➤ 适用的重心位置。
➤ 重量限制和重心范围限制。

重量与平衡文档必须能够供机长确认以下信息:

➤ 装载量。
➤ 装载分布。
➤ 重量和重心位置没有超出安全范围。

飞机运营人有义务确保航班在每一次执行任务之前完成重量与平衡文档的记录。文档必须明确记录飞机的实际装载内容和装载分布情况。文档填写人必须署名,监督装载实施的人员必须签字确认飞机按计划装载。

文档必须得到机长确认,确认形式可以是机长本人书面签字或是机长在电子系统中输入其个人认证号码PIN,经确认的重量与平衡文档即刻产生法律效应。

# 最后一分钟变动(LMCs)

在重量与平衡文档确认完毕之后所出现的任何最后一分钟变动,都需要引起机长足够的警惕,并将其追加至文档中。运营人必须在其运行手册中公布最后一分钟变动的容忍度。该容忍度将严格规定这些临时出现的登机或离机人员的数量上限以及加拉或卸载货物的重量上限。一旦最后一分钟变动超过该容忍度,必须重新计算填写重量和平衡文档。如果最后一分钟变动在容忍范围以内,则只需要机长予以适当关注,无须重新填写文档。

以往,飞行机组在登机之前会被当面扼要告知航班的载重与平衡情况,并对重量与平衡文档进行确认。文档原件由地面留存,复印件则由机长携带复印件供任务使用。

现代重量与平衡系统均已计算机化,一部分飞机还具备关联地面配载部门与机载计算机系统的数据链接,这样一来,飞行员就能够在驾驶舱中直接进行快速自查。在实际运行中如使用该系统,地面必须获取到已签署文档的拷贝。为了保证在实际运行过程中该系统不出现异常,需要每6个月以内进行一次检查。

# 机组成员重量

运营人在确定飞机干使用重量时必须计入机组成员及其行李的重量。计算方法如下:

➢ 使用机组成员及其携带行李的实际重量进行计算。

➢ 按飞行机组每人重85 kg,客舱机组每人重75 kg进行计算(不考虑性别差异和体重差异)。

➢ 使用局方认可的重量进行计算。

如果机组成员携带有其他额外行李,运营人在确定干使用重量和重心位置时必须计入其影响。

# 乘客和行李重量

运营人在计算乘客及其携带行李的重量时,可以根据实际重量进行计算,也可以根据三张表格中给出的标准重量进行计算。

参见:CAP 696 第一章 概述 第5页,如图8-1所示。

**Mass Values for Passengers: 20 Passenger Seats or more**

| Passenger seats | 20 or more | | 30 or more |
|---|---|---|---|
| | Male | Female | All Adult |
| All flights except holiday charters | 88 kg | 70 kg | 84 kg |
| Holiday charters | 83 kg | 69 kg | 76 kg |
| Children | 35 kg | 35 kg | 35 kg |

**Mass Values for Passengers: 19 Passenger Seats or less**

| Passenger seats | 1~5 | 6~9 | 10~19 |
|---|---|---|---|
| Male | 104 kg | 96 kg | 92 kg |
| Female | 86 kg | 78 kg | 74 kg |
| Children | 35 kg | 35 kg | 35 kg |

**Mass Values for Baggage: 20 Passenger Seats or more**

| Type of Flight | Baggage Standard Mass |
|---|---|
| Domestic | 11 kg |
| Within the European Region | 13 kg |
| Intercontinental | 15 kg |
| All other | 13 kg |

**NOTE:** The masses above are subject to change. Candidates should therefore regard these as accurate for examination purposes only. For operational purposes refer to JAR-OPS 1.

图8-1 旅客和行李标准重量(CAP 696 第一章 概述 第5页)

## 乘客实际重量

运营人在计算乘客及其所携行李的实际重量时,必须使用其登机之前的实际重量。此外,运营人还必须确保在计算时计入了乘客所携带的全部物品而无一遗漏。

## 乘客标准重量分类

➤ 2岁以下的乘客归为婴儿。

➤ 2岁以上12岁以下的乘客归为儿童。

➤ 12岁以上的乘客归为成人。

如果婴儿与看护人共同乘坐一张座椅,则可以忽略婴儿重量;如果婴儿单独坐一张座椅,其重量计为35 kg。

儿童不论性别均需单独坐一张座椅,其重量计为35 kg。

成人根据年龄和性别选择其相应重量。参见表8-1、表8-2。

表8-1　20座以上机型乘客重量

| 乘客座位数 | 20座及以上 | | 30座及以上 |
| --- | --- | --- | --- |
| | 男性 | 女性 | 成人 |
| 定期航班(假日航班除外) | 88 kg | 70 kg | 84 kg |
| 假日航班 | 83 kg | 69 kg | 76 kg |
| 儿童 | 35 kg | 35 kg | 35 kg |

　　当飞机上的座位数介于20座至29座之间,如表8-1所示,运营人在估算乘客重量大小时将执行区分性别的重量参考标准。而当飞机上的座位数超过30座(含30座),运营人在估算乘客重量大小时将不再区分性别差异。

| | |
| --- | --- |
| 定期航班 | 日常定期运输飞行等 |
| 假日航班 | 节假日的旅游包机飞行 |
| 全成人航班 | 不考虑乘客性别差异的飞行 |

表8-2　20座以下机型乘客重量

| 乘客座位数 | 1~5 | 6~9 | 10~19 |
| --- | --- | --- | --- |
| 男性 | 104 kg | 96 kg | 92 kg |
| 女性 | 86 kg | 78 kg | 74 kg |
| 儿童 | 35 kg | 35 kg | 35 kg |

　　当飞机上的座位数少于19座(含19座)时,将使用表8-2中的数据进行重量估算。机上座位数越少,成年乘客的重量参考标准就会越高,这是为了能够消除乘客随身携带的手提行李重量所带来的偏差影响。某些航班的客舱中不提供放置手提行李的空间,或是要求单独计算手提行李的重量大小,对于这类情况就应该在表8-2中的参考标准之上减去6 kg。但便携式相机、外套、雨伞或手提袋通常不会被列入手提行李的范畴。

表8-3　20座以上机型乘客行李重量

| 航班类型 | 行李标准重量 |
| --- | --- |
| 国内 | 11 kg |
| 欧洲区域 | 13 kg |
| 洲际 | 15 kg |
| 其他 | 13 kg |

　　当飞机上的座位数少于19座时,货舱托运行李都需要单独称重,以便获得其确切的重量大小。只有当飞机上的座位数多于20座时,才能够使用表8-3中的重量参考标准来估算每件行李的重量大小。

　　如果某运营人希望使用特定的重量指标来作为公司运营的重量参考标准,那么该运营人需要向局方提交申请并得到批准。当且仅当该申请得到局方批准以后,该运营人才能够对在申请中明确指出的机型按其申请的重量参考标准进行重量估算。

　　对于任何飞机,如果运营人发现很大一部分乘客(含手提行李)明显超过了所使用的重量参考标准,那么运营人要么通过称重来确定乘客实际重量,要么在现有重量之上增加足够的估算余量。

如果运营人发现很大一部分货舱行李明显超过了所使用的重量参考标准,那么运营人要么通过称重来确定行李实际重量,要么在现有重量之上增加足够的估算余量。

如果运营人是使用非标准的方法来确定乘客和行李重量,则运营人必须在重量与平衡文档上进行记录,并告知机长。

**国内航班**是指始发地和目的地都不超出国界的航班飞行。

**欧洲区域航班**是指始发地或目的地已超出国界但是仍然位于图8-2所示范围以内的航班飞行,界线范围经纬度如下。

图8-2　欧洲区域示意图

| | | |
|---|---|---|
| N7200 E04500 | N3000 W00600 | N7200 W01000 |
| N4000 E04500 | N2700 W00900 | N7200 E04500 |
| N3500 E03700 | N2700 W03000 | |
| N3000 E03700 | N6700 W03000 | |

**洲际航班**是指始发地或目的地位于不同大洲的航班飞行。

# 飞机重量评估

飞机制造完毕出厂之际,制造商会提供一张称重时间表。称重的目的是为了能够得到飞机基准位置、各部件与基准的相对位置及其平衡力臂大小。基准位置通常以相对某一特定部件位置的距离的形式给出。这一特定部件位置也称为参考点。

通过称重,可以得出飞机的基本空机重量和重心位置。称重结果被计入称重报告,构成飞机技术文档的一部分。

JAR-OPS 1要求运营人在飞机投入运行前通过实际称重来获得飞机的重量和重心位置,并将后续重量和重心变化详细全面地记录在重量与平衡文档中。出厂称重也作为重量与平衡记录之一。

每一次称重,运营人都必须确保飞机满足基本空机称重计划所规定的条件,如:飞机结构完整、液体加装到位、飞机内部干净。其目的是为了尽可能得到标准的干使用重量。称重必须在封闭的室内进行,并且由制造商或被认可的专业维护机构实施。

如果一家JAA授权运营人将飞机出售给另一家运营人,只要这两家运营人都持有飞机称重资格认证,那么飞机在投入新的运营之前不需要再进行称重,除非已经超出了4年的限制期限。而如果飞机是从一家不具备飞机称重资格认证的运营人处买入,则飞机在投入实际运营前必须重新称重。

### 二次称重的要求

在投入运营前的初始称重以后,飞机每4年都需要进行二次称重。其目的是确保运营人能够确切记录在此期间因各类因素所造成的飞机重量和重心位置变化。在此期间,考虑到某些累积性因素的影响,只要飞机的干使用重量的变化量超过其最大着陆重量的±0.5%,或者飞机的干使用重心位置的变化量超过0.5%MAC,就需要对飞机进行二次称重。

例如,一架飞机干使用重量为1 000 kg,重心位于27%MAC,最大着陆重量为18 000 kg。那么当干使用重量变化累积超过±90 kg,或者当干使用重心小于26.5%MAC或大于27.5%MAC时,飞机就需要进行二次称重。

将最大着陆重量除以100,得到最大着陆重量的1%;在此基础之上再除以2得到最大着陆重量的0.5%。将得到的结果与干使用重量相加减,即可得到累积性影响的上限和下限。

对于规模较大的运营人,需要考虑机队称重。如果使用该方式,单架飞机的二次称重时间间隔可以延长到9年。

### 机队称重

机队称重允许拥有数量庞大的同一机型的运营人简化其重量与平衡文档。要使用机队称重方式,必须先熟悉下列法规。

一架飞机是否适用于被纳入机队管理方式,必须由运营人通过对其拥有机队的干使用重量进行评测来决定。机队干使用重量的评测方法为,通过对所有符合构成机队基本条件的飞机按比例进行抽样称重。

表8-4　机队称重抽样数量表

| 机队称重抽样数量表 | |
| --- | --- |
| 机队飞机数量 | 最少应称重飞机数量 |
| 2~3 | $n$ |
| 4~9 | $(n+3)\div2$ |
| 10及以上 | $(n+51)\div10$ |

拟抽样称重的飞机数量按表8-4中的公式来确定;$n$代表机队飞机总数。例如,如果某运营人有19架B747SP飞机,那么该运营人就需要从中抽取(19 + 51)÷ 10 = 7架飞机进行称重才能够计算出机队的干使用重量。

一旦找到了机队的干使用重量,那么对于机队全部B747SP飞机来说其重量误差范围是最大着陆重量的±0.5%。这也被称为机队平均重量范围。机队重心位置误差范围也不应超过±0.5%MAC。

飞机可以加入或继续保留在机队的判断依据为:

➤ 该飞机干使用重量在机队平均重量范围以内。
➤ 该飞机重心位置在机队平均重心位置范围以内。

当然也有例外,如下:

1. 如果该飞机干使用重量符合标准而重心位置超出了规定范围,该飞机仍然可以继续保留在机队中,但是必须使用它独自的重心位置。

2. 如果一架飞机在物理结构上略有不同,例如厨房或洗手间安装位置不同,使得座位分布不同于其他机队飞机,导致其重量和重心位置超出机队容许范围,则该飞机在调校重量和/或重心位置以后可以继续保留在机队中。

如果运营人的飞机没有公布平均空气动力弦,那么这些飞机就应该使用其各自的重量,或者运营人接受特殊培训并得到局方许可。

通过机队重量评估可以得到机队平均重量和平均重心位置。对机队进行重量评估的周期最长不能超过48个月,此外还应该抽选距上一次称重时间间隔最长的飞机进行称重测量。

# 中国民航运行规章相关要求

## 关于重量与平衡在运行规范、手册、控制系统方面的要求

### CCAR121.25条 运行合格证和运行规范的内容

(b)大型飞机公共航空运输承运人的运行规范包含下列内容:

(9)批准的控制飞机重量与平衡的方法;

### CCAR121.133 条 手册内容总体要求

手册应当包含下列所有内容,但可以分为两个或者两个以上的单独分册,每一分册应当包括所有适用于该类人员的内容:

(b)飞机运行信息:

(6)重量与平衡计算方面的操作指示和数据;

### CCAR121.151 条 飞机的基本要求

(b)合格证持有人可以使用经批准的重量与平衡控制系统来符合适用的适航要求和运行限制,该重量与平衡控制系统可以以平均的、假定的或者估算的重量为基础。

## 关于飞行和签派人员掌握重量与平衡方法的要求

### CCAR121.423 条 驾驶员、飞行机械员的初始、转机型地面训练和驾驶员的升级地面训练

(a)驾驶员、飞行机械员的初始、转机型地面训练和驾驶员的升级地面训练,至少应当讲授适用于其指定职位的下列内容:

(1)一般科目,包括下列内容:

(ii)确定重量与平衡、起飞与着陆跑道限制的基本原则与方法;

### CCAR121.431 条 飞行签派员的初始和转机型地面训练

(a)飞行签派员的初始和转机型地面训练应当至少讲授下列内容:

(2)对于每一架飞机,讲授的内容应当包括下列项目:

(iii)重量与平衡的计算;

### 关于手提行李重量的检查、控制以及行李存放的要求

**CCAR121.607 条 手提行李**

(a)合格证持有人允许旅客携带手提行李登机时,应当按照其运行规范内规定的手提行李程序,对每个旅客的手提行李进行检查,以控制其尺寸、重量和数量。如果旅客的手提行李超过合格证持有人运行规范内手提行李程序规定的允许量,则该旅客不得登机。

(b)合格证持有人在关闭全部旅客登机门,准备滑行或者推飞机前,应当至少有一名机组必需成员,核实了每件行李都已按照本条规定存放好。

(c)合格证持有人在允许飞机起飞或者着陆前,每件行李应当按照下列要求之一存放:

(1)存放在合适的隔间、行李舱、货舱,这些舱室标有最大重量标牌并提供了固定所有行李或者货物的装置,该装置不影响任何应急设备的使用;

......

(d)除散放的衣服类物品之外,其他行李应当放在经批准的装有限动装置或者门的行李架上。

(e)每位旅客应当遵守机组成员为符合本条(a)、(b)、(c)、(d)款的规定而给予的指示。

(f)允许在下方放置行李的每个旅客座椅,应当装有防止置于其下的行李物品向前滑动的装置。此外,每个靠过道的座椅应当装有防侧滑装置,防止置于其下的行李物品在该飞机型号合格审定的应急着陆条件规定的极限惯性力撞击下滑到过道上。

### 关于装载舱单的制定、范围、处置的要求

**CCAR121.679 条 装载舱单的制定**

在每架飞机起飞之前,合格证持有人应当制定装载舱单,并对其准确性负责。该舱单应当由合格证持有人负责管理飞机舱单和装载的人员,或者由合格证持有人授权的其他合格人员制定并签字。机长在收到并核实装载舱单后方可以起飞飞机。

**CCAR121.697 条 装载舱单**

装载舱单应当包含飞机在起飞时有关装载情况的下列信息:

(a)飞机、燃油和滑油、货物和行李、乘客和机组成员的重量。

(b)该次飞行的最大允许重量,该最大允许重量不得超过下述重量中最小的重量:

(1)对于拟使用跑道,考虑对跑道气压高度和坡度以及起飞时的风和温度条件的修正值之后的最大允许起飞重量;

(2)考虑到预期的燃油和滑油消耗,能够符合适用的航路性能限制的最大起飞重量;

(3)考虑到预期的燃油和滑油消耗,能够在到达目的地机场时符合批准的最大设计着陆重量限制的最大起飞重量;

(4)考虑到预期的燃油和滑油消耗,能够在到达目的地机场和备降机场时符合着陆限制的最大起飞重量。

(c)按照批准的程序计算的总重量。

(d)按照批准的能够保证重心处于批准范围之内的计划,对该飞机实施装载的证据。

(e)旅客的姓名,除非该项内容由合格证持有人以其他方式保存。

**CCAR121.699 条 国内、国际定期载客运行装载舱单、签派单和飞行计划的处置**

(a)机长应当将下列文件的副本随机携带到目的地:

（1）填写好的装载舱单；

……

（b）合格证持有人应当保存前款规定的文件的副本至少3个月。

**CCAR121.700 条 补充运行的装载舱单、飞行放行单和飞行计划的处置**

（a）实施补充运行的飞机机长应当携带下列文件的原件或者经签署的文件副本飞行到目的地机场：

（1）装载舱单；

……

（b）如果飞行在合格证持有人主运行基地始发时，应当在其主运行基地保存本条（a）款规定的文件的原件或者副本。

（c）除本条（d）款规定外，如果飞行在合格证持有人主运行基地以外的机场始发时，机长（或者合格证持有人授权的其他运行控制人员）应当在起飞前或者起飞后立即将本条（a）款列出的文件副本发送或者带回到主运行基地保存。

（d）如果飞行始发在合格证持有人的主运行基地以外机场时，合格证持有人在那个机场委托他人负责管理飞行运行，按照本条（a）款规定签署过的文件副本在送回合格证持有人的主运行基地前在该机场的保存不得超过30天。如果这些文件的原件或者副本已经送回合格证持有人的主运行基地，则这些文件不需要继续保存在该机场。

（e）实施补充运行的合格证持有人应当：

（1）根据本条（d）款规定，在其运行手册中制定专门人员负责这些文件副本；

（2）按照本条规定原始文件和副本应当在主运行基地保存3个月。

## 第121部/第135部运行规范的要求（AC-121-001R3）

在AC-121-001R3.A0021中按照航空器初始型号合格审定时的类别对旅客手提行李程序进行了划分。

**A0021 手提行李程序**

a.批准合格证持有人使用本条所述，符合CCAR-121部第121.607条和CCAR-135部第135.87条要求的经批准的手提行李程序。

b.批准合格证持有人较小客舱和中客舱的航空器运行时使用不携带手提行李程序。

表8-5　按客舱座位数的航空器分类

| 航空器初始型号<br>合格审定的旅客座位数 | 类别名称 |
|---|---|
| 70座以上（不含） | 大客舱航空器 |
| 30~70个座位 | 中客舱航空器 |
| 5~29个座位 | 小客舱航空器 |
| 注：旅客座位数少于5个的航空器必须使用旅客和行李的实际重量 ||

其中，"A0087 小客舱航空器旅客和行李重量控制大纲"中针对审定为5~29旅客座位的机型，提出合格证持有人可使用下列方法之一计算航空器的重量和平衡：

（a）合格证持有人可使用实际的旅客和行李重量；

（b）合格证持有人也可使用在重量和平衡咨询通告中列出的分段旅客重量和平均行李重量；

(c)如符合下列条件,合格证持有人可以使用对于大客舱航空器规定的标准平均旅客和行李重量或基于调查的平均重量

此外,A0087再次强调,所有单发、活塞式发动机驱动的航空器和所有审定为旅客座位少于5座的航空器必须使用实际重量。

同样,"A0089中客舱航空器旅客和行李重量大纲"和"A0091大客舱航空器旅客和行李重量大纲",分别针对审定为30~70旅客座位的机型和审定为71座或更多旅客座位的机型,提出了批准合格证持有人使用实际重量或列出的实际、标准平均(或分段)或调查得出的平均重量的组合作为中客舱航空器或大客舱航空器的旅客和行李重量大纲

同时,A0087、A0089和A0091也给出了建议的记录格式,具体如表8-6~8-8所示:

表8-6 可选择的重量——小客舱航空器(5~29旅客座位)

| 运行类别 | 男女比例 | 旅客重量 | | | 手提/个人物品重量 | | | 交运行李重量 | | | 机旁行李重量 | | | 大件行李重量 | | |
|---|---|---|---|---|---|---|---|---|---|---|---|---|---|---|---|---|
| | | 批准 | 夏季重量 | 失效日期 | 批准 | 重量 | 失效日期 | 批准 | 重量 | 失效日期 | 批准 | 重量 | 失效日期 | 批准 | 重量 | 失效日期 |
| | | | | | | | | | | | | | | | | |
| | | | | | | | | | | | | | | | | |

表8-7 可选择的重量——中客舱航空器(30~70旅客座位)

| 运行类别 | 男女比例 | 旅客重量 | | | 手提/个人物品重量 | | | 交运行李重量 | | | 机旁行李重量 | | | 大件行李重量 | | |
|---|---|---|---|---|---|---|---|---|---|---|---|---|---|---|---|---|
| | | 批准 | 夏季重量 | 失效日期 | 批准 | 重量 | 失效日期 | 批准 | 重量 | 失效日期 | 批准 | 重量 | 失效日期 | 批准 | 重量 | 失效日期 |
| | | | | | | | | | | | | | | | | |
| | | | | | | | | | | | | | | | | |

表8-8 可选择的重量——大客舱航空器(71座或更多旅客座位)

| 运行类别 | 男女比例 | 旅客重量 | | | 手提/个人物品重量 | | | 交运行李重量 | | | 机旁行李重量 | | | 大件行李重量 | | |
|---|---|---|---|---|---|---|---|---|---|---|---|---|---|---|---|---|
| | | 批准 | 夏季重量 | 失效日期 | 批准 | 重量 | 失效日期 | 批准 | 重量 | 失效日期 | 批准 | 重量 | 失效日期 | 批准 | 重量 | 失效日期 |
| | | | | | | | | | | | | | | | | |
| | | | | | | | | | | | | | | | | |

88

## 航空器的重量与平衡控制咨询通告中对旅客和机组平均重量的要求

在"航空器的重量与平衡控制咨询通告"（AC-121-FS-2009-27）第201条 手提行李大纲中的标准平均旅客重量中，对使用年平均重量的运营人提出了具体的要求。运营人可以在5月1日至10月31日之间使用夏季重量，从11月1日至4月30日使用冬季重量。对于有季节变化的航线，使用年平均重量的运营人应使用冬季平均重量作为其年平均重量。

在该咨询通告第205条采用无手提行李大纲的中、小客舱航空器运营人使用的标准平均重量，由于这些旅客没有手提行李，运营人可以使用标准平均旅客重量，该重量比采用经批准手提行李大纲的运营人所使用的标准平均旅客重量少5 kg（基于有一半旅客携带个人物品且达到重量限额的假设）。

表8-9　旅客平均重量表

| 标准平均旅客重量 | 每位旅客重量 |
| --- | --- |
| 夏季重量 | |
| 成年旅客平均重量 | 75 kg |
| 男性旅客的平均重量 | 79 kg |
| 女性旅客的平均重量 | 70 kg |
| 儿童平均重量（满2周岁但不满12周岁） | 40 kg |
| 婴儿平均重量（不满2周岁） | 10 kg |
| 冬季重量 | |
| 成年旅客平均重量 | 77 kg |
| 男性旅客的平均重量 | 82 kg |
| 女性旅客的平均重量 | 73 kg |
| 儿童平均重量（满2周岁但不满12周岁） | 43 kg |
| 婴儿平均重量（不满2周岁） | 13 kg |

表8-10　机组平均重量表

| 机组人员 | 平均重量 | 包括行李的平均重量 |
| --- | --- | --- |
| 飞行机组成员 | 73 kg | 96 kg |
| 客舱乘务员 | 54 kg | 73 kg |
| 男客舱乘务员 | 71 kg | 90 kg |
| 女客舱乘务员 | 53 kg | 72 kg |
| 机组旅行箱 | 14 kg | 不适用 |
| 驾驶员飞行包 | 9 kg | 不适用 |
| 客舱乘务员包 | 5 kg | 不适用 |
| 航空安全员 | 74 kg | |

# 第九章
# 单发活塞飞机和多发活塞飞机的舱单

## 概述

本章将以单发活塞飞机为例,详细介绍如何完成舱单填写,并着重介绍单发活塞飞机的装载配平图表。此外,也将介绍一部分多发活塞飞机舱单填写的内容。在本章结尾附有一套针对单发活塞飞机和多发活塞飞机的自测题,既可用于实际重量装载计算,也可用于标准重量装载计算(参见 CAP 696 第一章 概述 第5页的旅客和行李标准重量)。自测题还包括混合装载的相关内容。在使用自测题给出的舱单进行计算时,并未对究竟应该填写使用重量还是干使用重量进行特别说明,这样做的目的是检验应试人员对前面相关重量知识的掌握程度。

## 单发活塞飞机图表

CAP 696 第二章单发活塞飞机的第1页针对单发活塞式飞机的主要特点进行了说明。并在 CAP 696 的图 2.1(如图 2-1 所示)中给出了以防火墙为参考点的基准位置和重心前后极限。考虑到重量增加会导致稳定性增强,重心前极限有所削减。

由于单发活塞类飞机具有轻盈结实的结构特点,所以飞机的最大着陆重量与最大起飞重量具有相同的限制值,装载计算时也往往以基本空机重量作为计算基础。图表中给出的基本空机重量力矩被除以100,以便指数化。读者可以自行验算 2 415 lb × 77.7 in(如图 9-1 所示)。

| | |
|---|---|
| Reference datum | 39.00 inches forward of firewall |
| Centre of Gravity (CG) limits | forward limit 74.00 – 80.4 in<br>aft limit 87.7 in |
| MSTOM | 3,650 lb |
| MSLM | 3,650 lb |
| BEM | 2,415 lb |
| BEM CG location | 77.7 in |
| BEM Moment ÷ 100    = | 1,876.46 in·lb |
| Landing Gear retraction/extension | does not significantly affect CG position |
| Floor structure load limit | 50 lb per square foot between front and rear spars (includes Baggage Zone A)<br>100 lb per square foot elsewhere (Baggage Zones B & C) |

图9-1　单发飞机限制信息(CAP 696 第二章 SEP1 第1页)

在该页页末给出了面积载荷形式的地板装载限制,并在 CAP 696 中接下来一页的图 2.2(如图 9-2 所示)给出了受限制的区域。

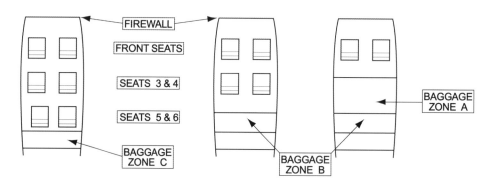

图9-2　单发飞机座椅和行李舱分布图(CAP 696 第二章 SEP1 图2.2)

CAP 696的图2.3(如图3-25所示)给出了油箱位置(基准后75 in处),体积单位(gal)与重量单位的换算方法,以及指数形式的力矩大小。

图表中的加仑均为美加仑,每1 gal重6 lb(30 lb ÷ 5 gal ＝ 6 lb/gal)。力矩指数化后均取整,例如,30 lb × 75 in ＝ 2 250 lb·in,指数化以后为23。因此,当使用单发活塞类飞机图表时必须参考燃油密度表(空白舱单如图9-3所示)。

| Item | Mass/lb | Arm/in | Moment ÷ 100 |
|---|---|---|---|
| 1. Basic Empty Condition | | | |
| 2. Front Seat Occupants | | 79 | |
| 3. Third and Fourth Seat PAX | | 117 | |
| 4. Baggage Zone 'A' | | 108 | |
| 5. Fifth and Sixth Seat PAX | | 152 | |
| 6. Baggage Zone 'B' | | 150 | |
| 7. Baggage Zone 'C' | | 180 | |
| **Sub-total = Zero Fuel Mass** | | | |
| 8. Fuel Loading | | | |
| **Sub-total = Ramp Mass** | | | |
| 9. Subtract Fuel for Start, Taxi and Run Up(see Note) | | | |
| **Sub-total = Take-off Mass** | | | |
| 10. Trip Fuel | | | |
| **Sub-total = Landing Mass** | | | |

NOTE: Fuel for start taxi and run rp is normally 13 lb at an average entry of 10 in the column headed Moment (÷ 100)

图9-3　单发飞机空白舱单(CAP 696 第二章 SEP1 图2.4)

CAP 696的图2.4是一张待完成的典型舱单,该舱单以基本空机重量为基础,用来计算以下重量:

➤ 飞行员重140 lb。

➤ 行李舱A货物200 lb。

➤ 座椅4和座椅5的乘客总重120 lb。

➤ 行李舱C货物100 lb。

➤ 50 US Gal起飞燃油,其中40 US Gal燃油为航程用油。

➤ 常规的起动和滑行耗油。

在大多数JAA试题中,相关的装载信息会以如下形式给出。如CAP 696的图2.4所示的典型舱单,包含基本空机重量和全部其他装载重量在内的相关信息:

飞行员重140 lb,行李舱A货物200 lb,座椅4和座椅5的乘客总重120 lb,行李舱C货物100 lb,50 US Gal燃油,其中40 US Gal燃油为航程用油。起动和滑行耗油按常规计。

表9-1　CAP 696中图2.4的计算填写

| 列 1 | 2 | 3 | 4 |
|---|---|---|---|
| 项目 | 重量/lb | 力臂/in | 力矩/(×100 lb·in) |
| 1.基本空机状态 | 2 415 | 77.7 | 1 876.46 |
| 2.前排乘员 | 140 | 79 | 110.6 |
| 3.三、四排乘员 | 0 | 117 | 0 |
| 4.行李舱A | 200 | 108 | 216 |
| 5.五、六排乘员 | 120 | 152 | 182.4 |
| 6.行李舱B | 0 | 150 | 0 |
| 7.行李舱C | 100 | 180 | 180 |
| **小计=无燃油重量** | **2 975** | **86.2** | **2 565.46** |
| 8.装载燃油 | 300 | 75 | 225 |
| **小计=停机坪重量** | **3 275** | **85.2** | **2 790.46** |
| 9.扣除起动、滑行、滑跑燃油 | −13 | | −10 |
| **小计=起飞重量** | **3 262** | **85.2** | **2 780.46** |
| 10.航程燃油 | −240 | | −180 |
| **小计=着陆重量** | **3 022** | **86.4** | **2 610.46** |

舱单中的数据按装载顺序以表格形式(如表9-1所示)逐一列出,这样便于计算无燃油重量、起飞重量、着陆重量三种情况下的重量大小和重心位置。接下来介绍一下舱单样例各组成部分的含义。

第1行　基本空机重量、重心位置以及力矩大小均来自于CAP 696第二章 单发活塞飞机 第1页的图表。实际填写时,将基本空机重量填写到第2列,将重心位置填写到第3列,力矩指数填写到第4列。图例中,这三个数据均用绿色字体表示。

第2行　前座(图例中仅考虑了一名驾驶员)重量填写到第2列,其重心位置填写到第3列,力矩指数填写到第4列。

第3/4行　飞机上这一区域既可以安放座椅(3、4座),也可以临时更改为行李舱(A舱),其对应数据均填写在这两行。如果飞机在该区只携带乘客,则将3、4座乘客重量、重心位置和力矩大小填写至第3行;如果只携带行李而无乘客,则将A舱行李重量、重心位置和力矩大小填写至第4行,且计算力矩大小时使用A舱重心位置。图例中,A舱行李相关数据填写在第4行。

第5/6行　飞机上这一区域同样既可安放座椅(5、6座)也可更改为行李舱(B舱),其相关数据均填写在这两行。如果飞机在该区只携带乘客,则将5、6座乘客重量、重心位置和力矩大小填写至第5行;如果只携带行李而无乘客,则将B舱行李重量、重心位置和力矩大小填写至第6行,且计算力矩大小时使用B舱重心位置。图例中,5、6座乘客相关数据填写在第5行。需要注意的是,为了保证计算结果准确,在填写各部分重量时不得出现错位,因为每一部分的力臂大小并不相同。此外,还需要注意行李加装完毕后所产生的面积载荷不得超出地板装载强度限制,而该事项并未包括在图表内容中。

第7行　这是一个专用行李舱,相关的重量、重心位置和力矩大小填写在该行。

### 小计,无燃油重量(ZERO FUEL MASS)

将1~7行全部重量相加就得到飞机的无燃油重量,计算结果填写到该行第2列。将1~7行全部力矩相加就得到飞机无燃油重量下的合力矩,计算结果填写到该行第4列。将合力矩除以无燃油重量,就得到飞机无燃油重量下的重心位置,计算结果填写到该行第3列。最后检查实际重量是否超过飞机最大无燃油重量限制,检查实际重心位置是否超过飞机的重心极限。

第8行 如果无燃油重量和重心位置均在限制范围以内,就可以继续将飞机加装的燃油数据填入该行。图2.3中,已将美加仑换算为磅,燃油所产生的力矩大小也换算为了指数形式,计算结果分别填入该行第2列和第4列。

图表中的燃油重量以每5 gal为一个增量。如果燃油重量未知,那么需要逐一计算其重量和力矩大小。计算时仍以6 lb/gal和力臂为 + 75 in来进行。

例:

7.5 gal重45 lb,产生的力矩为34 lb·in。

7.5 gal × 6 = 45 lb

45 lb × 75 in = 3 375 lb·in

3 375 lb·in ÷ 100 = 33.75 lb·in

指数取整 = 34

对计算结果进行交叉检查可以使用下表:

60 lb – 30 lb = 30 lb, 30 lb ÷ 2 = 15 lb, 15 lb + 30 lb = 45 lb

45 lb·in – 23 lb·in = 22 lb·in, 22 lb·in ÷ 2 = 11 lb·in

11 lb·in + 23 lb·in = 34 lb·in

### 小计,停机坪重量(RAMP MASS)

将无燃油重量加上燃油重量就得到停机坪重量,计算结果填写到该行第2列。将无燃油重量对应力矩加上燃油产生的力矩就得到停机坪重量对应的力矩大小,计算结果填写到该行第4列。

将停机坪重量对应的力矩除以停机坪重量,就得到了该重量下的重心位置,计算结果填写到该行第3列。单发活塞类飞机并不需要计算停机坪重量下的重心位置,但是对于结构限制的最大停机坪重量超过其最大起飞重量的飞机则需要进行考虑。

第9行 将–13 lb填写到该行第2列。该数据出现在图2.4的舱单中。同样,将–10填写到该行第4列。注意在数值之前加上负号,避免出现计算错误。

### 小计,起飞重量(TAKE-OFF MASS)

将停机坪重量减去起动燃油重量,就可以得到起飞重量;将停机坪重量对应力矩减去起动燃油对应力矩,就可以得到起飞重量对应力矩大小。再用起飞重量对应力矩除以起飞重量,就可以得到起飞重量下的重心位置。

第10行 如果起飞重量和重心位置均在限制范围以内,则将航程燃油的重量和力矩以负数形式分别填写到该行第2列和第4列。

### 小计,着陆重量(LANDING MASS)

从起飞重量和力矩中分别减去航程燃油重量和力矩,就可以得到着陆重量及其对应力矩大小。再用着陆重量对应力矩除以着陆重量,就可以得到着陆重量下的重心位置。

如果无燃油重量、起飞重量、着陆重量及其对应重心位置均在限制范围以内,就说明飞机可以安全飞行。如果重量处于限制范围以内,但是飞机重心超出了飞机后极限,那就需要将一部分重量要么从飞机后部移除,要么从飞机后部移动到前部,这样才能够使得飞机重心回归至后极限处或后极限之前。反之,如果重心位置超出了飞机前极限,同样要么将一部分重量直接从飞机前部移除,要么将这部分重量从飞机前部移动到后部,这样一来才可以使得飞机重心回归至前极限处或前极限之后。

## 多发活塞飞机图表

表9-2 CAP 696中尚未填写的图3.4

| 列 1 | 2 | 3 | 4 |
|---|---|---|---|
| 项目 | 重量/lb | 基准力臂/in | 力矩/(lb·in) |
| 基本空机重量 | 3 210 | 88.5 | |
| 飞行员和前排乘客 | | 85.5 | |
| 中排乘客(最大360 lb) | | 118.5 | |
| 后排乘客或行李舱3(最大400 lb) | | 157.6 | |
| 行李舱1 (100 lb) | | 22.5 | |
| 行李舱2 (100 lb) | | 178.7 | |
| 无燃油重量(最大4 470 lb) | | | |
| 燃油(最大123 gal) | | 93.6 | |
| 停机坪重量(最大4 773 lb) | | | |
| 起动、滑行、滑跑燃油 | | 93.6 | |
| 起飞重量(最大4 750 lb) | | | |
| 扣除预计消耗燃油 | | 93.6 | |
| 着陆重量(最大4 513 lb) | | | |

表9-2与CAP 696文档中图3.4所对应。需要注意的是,飞机的停机坪最大重量总是比最大起飞重量大。当飞机的实际运营重量较大时,也需要注意飞机受结构限制的着陆重量。

多发活塞飞机的舱单填写方法与单发活塞飞机类似。然而需要注意的是,当多发活塞飞机只装载乘客或只装载行李时,中排座椅与行李舱2,后排座椅与行李舱3的重心位置(即力臂)相同;多发活塞飞机全部油箱中的燃油总重量和对应力矩都必须进行计算;此外,各部分重量所产生的力矩均采用其完全形式而不使用指数形式缩写。

机长有责任审核舱单是否填写完整并正确计算,以及在此条件下飞机是否能够安全飞行。飞行员在成长为机长的过程中应该始终牢记,无论是执行任务还是在应对考试,都不能够想当然认为舱单百分之百正确。在一些JAA试题中,会故意引入错误,一旦答题者不能识别,顺着错误的引导一路往下计算,那么就会因选择错误而丢分。这样的设计也是为了提醒飞行员在实际工作中填写舱单或审核舱单时应该细心检查。

例如,参考CAP 696中的图3.2中的舱单配置,选择正确的着陆重量。

a. 4 300 lb,位于 + 93.6 in

b. 4 298 lb,位于 + 93.9 in

c. 4 300 lb,位于 − 93.6 in

d. 4 298 lb,位于 – 93.9 in

计算过程如表9-3所示:

表9-3　CAP 696中图3.2的计算填写

| 项目 | 重量/lb | 力臂/in | 力矩/(lb·in) |
|---|---|---|---|
| 基本空机重量 | 3 210 | 88.5 | 284 085 |
| 前排 | 340 | 85.5 | 29 070 |
| 中排 | 236 | 118.5 | 27 966 |
| 后排 | 340 | 157.6 | 53 584 |
| 行李舱1 | 100 | 22.5 | 2 250 |
| 行李舱2 | 0 | 178.7 | 0 |
| 无燃油重量 | **4 226** | **93.9** | **396 955** |
| 燃油 | 545 | 93.6 | 51 012 |
| 停机坪重量 | **4 771** | **93.9** | **477 967** |
| 起动、滑行、滑跑燃油 | −23 | 93.6 | −2 152.8 |
| 起飞重量 | **4 748** | **93.9** | **445 814.2** |
| 航程燃油 | −450 | 93.6 | −42 120 |
| 着陆重量 | **4 298** | **93.9** | **403 694.2** |

## 单发活塞飞机图表问卷

使用CAP 696规定的换算方法进行计算,计算结果精确到小数点后3位。

根据换算结果,计算出重量、重心位置和力矩的最终答案。其中重量大小取整数,重心位置和力矩大小保留小数点后2位。

1. 飞机的最大起飞重量是多少?

2. C行李舱每平方英尺的最大载荷是多少?

3. 基准到参考点的距离是多少?

4. 1 gal燃油的重量是多少?

5. 1 gal燃油所产生的力矩有多大?

6. 飞机用于正常试车和滑行的燃油重量是多少?

7. 当飞机配备两名机组成员时的干使用重量和重心位置是多少? 机组成员人均重182 lb。

8. 当飞机加满燃油以后,飞机的停机坪重量和重心位置是多少?

9. 当飞机既配备有两名机组成员又加满燃油以后,飞机的使用重量是多少? 机组成员人均重182 lb。

10. 某飞机设计有6个座椅,能够搭乘1名机组成员和5名乘客,乘客重量按标准重量计算,即均为成年男性且均无手提行李。在C行李舱中放置有重约200 lb的行李。求该飞机的无燃油重量和重心位置?

11. 一架双座飞机,在装载完毕后将进行6 h的持续飞行。求飞机的起飞重量、着陆重量和无燃油重量?

➤ 1名飞行员(标准重量)位于前排。

➤ 1名成年女性(标准重量)位于前排。

➤ 油箱全部加满,燃油消耗量为每小时5 gal。

12. 一家小型广告出租公司拥有飞机一架和男女飞行员各一名,男飞行员重189 lb,女飞行员重104 lb。飞机计划在两个间隔距离为2.5 h的机场之间实施一次货运飞行。该公司的运行手册规定为了确保飞机在飞行中出现意外事故后的飞行安全,必须多携带航程燃油的10%的和3 gal的燃油当中的较大值。燃油消耗量估计为6 gal/h。求所需燃油重量以及在保证滑行燃油基础之上飞机的最大商载。

13. 某飞机只配置了前排飞行员座椅,两名飞行员均为女性,标准重量,满油。求:为了承载A区416 lb的商载,所需地板面积?

14. 某飞机装载如表9-4所示,求飞机的有用载荷大小?

前排座——飞行员一名重112 lb,乘客一名重196 lb。

3 + 4号座椅——女性乘客一名重105 lb,儿童一名重56 lb。

B舱行李重200 lb

C舱行李重100 lb

燃油重360 lb

其中航程燃油180 lb

起动燃油13 lb

表9-4　某飞机尚未填写的装载舱单

|  | 重量/lb | 力臂/in | 力矩/(×100 lb·in) |
|---|---|---|---|
| 基本空机重量 | 2 415.00 | 77.7 |  |
| 前排座椅 |  | 79 |  |
| 3号和4号座椅 |  | 117 |  |
| 行李舱A |  | 108 |  |
| 5号和6号座椅 |  | 152 |  |
| 行李舱B |  | 150 |  |
| 行李舱C |  | 180 |  |
| 无燃油重量 |  |  |  |
| 装载燃油 |  |  |  |
| 停机坪重量 |  |  |  |
| 扣除起动、滑行、滑跑燃油 |  |  |  |
| 起飞重量 |  |  |  |
| 扣除航程燃油 |  |  |  |
| 着陆重量 |  |  |  |

15. 求出表9-5所列条件下的重量和重心位置。

某飞机干使用重量、使用重量、无燃油重量、滑行重量、起飞重量以及着陆重量如下:

飞行员重160 lb。

3 + 4号座乘客重238 lb。

5 + 6号座乘客重126 lb。

C舱行李重100 lb。

燃油25 gal,包括起动燃油和备用燃油。

燃油消耗量6.5 gal/h。

航程时间2.5 h。

表9-5　某飞机尚未填写的装载舱单

| | 重量/lb | 力臂/in | 力矩/(×100 lb·in) |
|---|---|---|---|
| 基本空机重量 | 2 415.00 | 77.7 | |
| 前排座椅 | | 79 | |
| 3号和4号座椅 | | 117 | |
| 行李舱A | | 108 | |
| 5号和6号座椅 | | 152 | |
| 行李舱B | | 150 | |
| 行李舱C | | 180 | |
| **无燃油重量** | | | |
| 装载燃油 | | | |
| **停机坪重量** | | | |
| 扣除起动、滑行、滑跑燃油 | | | |
| **起飞重量** | | | |
| 扣除航程燃油 | | | |
| **着陆重量** | | | |

# 多发活塞飞机图表问卷

1. 2号区域最大装载重量是多少?

2. 最大起飞重量是多少?

3. 最大无燃油重量是多少?

4. 如果按照CAP 696 第一章 概述 第5页 表2中的标准乘客重量(如表9-6所示)进行计算,求一名成年女性和一名男孩儿坐在飞机后排座时所产生的力矩大小?

表9-6　19座及以下飞机的标准乘客重量(CAP 696 第一章 表2)

Mass Values for Passengers: 19 Passenger Seats or less

| Passenger seats | 1~5 | 6~9 | 10~19 |
|---|---|---|---|
| Male | 104 kg | 96 kg | 92 kg |
| Female | 86 kg | 78 kg | 74 kg |
| Children | 35 kg | 35 kg | 35 kg |

5. 某飞机重心位置位于基准后89.5 in处,飞机相对基准产生的力矩为416 175 lb·in。求出飞机重量,并简要说明飞机当前重心位置位于重心前后极限之前还是之后。

6. 每1 US Gal燃油重量为多少?

7. 飞机的参考点在哪里?

8. 飞机导向轮和主轮之间的距离有多少?

9. 收起起落架对飞机重量平衡有什么影响?

10. 为什么重心前极限会从82 in处缩小到91 in处?

11. 什么是飞机的性能等级？

12. 最大着陆重量是多少？

13. 样例中，飞机的基本空机重量、满油重量和最大起飞重量有什么不同？

14. 如果重心位置落在线上说明什么？

15. 当飞机重量为4 300 lb时，飞机的重心前极限是多少？

16. 当飞机为货机时，关于飞机的起飞重量、着陆重量及其对应重心位置描述正确的是？

行李舱1总重100 lb

行李舱2总重360 lb

行李舱3总重400 lb

行李舱4总重100 lb

飞行员重183 lb

燃油总量为21 US Gal

航程燃油为15 US Gal

起动燃油重量为16 lb

a. 起飞重量在限制范围以内，起飞重心超出限制范围；着陆重量和重心均超出限制范围。

b. 起飞重量超出限制范围，起飞重心在限制范围以内；着陆重量和重心均在限制范围以内。

c. 无论是起飞重量和重心还是着陆重量和重心均超出限制范围。

d. 起飞重量和着陆重量在限制范围以内；起飞重心和着陆重心均超出限制范围。

17. 当飞机装载如表9-6所示时，计算飞机干使用重量和重心、无燃油重量和重心、起飞重量和重心以及着陆重量和重心。

表9-7　某飞机尚未填写的装载舱单

| 项目 | 重量/lb | 基准力臂/in | 力矩/(lb·in) |
|---|---|---|---|
| 基本空机重量 | 3 210 | 88.5 | |
| 飞行员和前排乘客 | 182 | 85.5 | |
| 中排乘客或2号行李舱(最大360 lb) | 294 | 118.5 | |
| 后排乘客或3号行李舱(最大400 lb) | | 157.6 | |
| 1号行李舱(最大100 lb) | 60 | 22.5 | |
| 4号行李舱(最大100 lb) | 100 | 178.7 | |
| 无燃油重量(最大4 470 lb) | | | |
| 燃油(最大123 gal) | 79 gal | | |
| 停机坪重量(最大4 779 lb) | | | |
| 起动、滑行、滑跑燃油 | −30 | | |
| 起飞重量(最大4 750 lb) | | | |
| 扣除航程燃油 | 32 gal | | |
| 着陆重量(最大4 513 lb) | | | |

18. 飞机的3号区域被用作行李舱，从机场A飞往机场B。机场间距为360 NM。机场B不能加油。飞机在机场A起飞时，必须装载包括起动、航程和备降燃油在内的全部燃油。

飞行距离360 NM，飞行速度120 kt。

飞往目的地时的燃油消耗量为每小时 10 US Gal，从目的地返回时的燃油消耗量为 7.5 US Gal/h。

出发地机场的起动滑行燃油消耗为 16 lb，目的地机场的起动滑行燃油消耗为 10 lb。飞机着陆时必须至少具有维持飞机继续飞行 1.5 h 的备降燃油。

机长重为 138 lb

副驾驶重为 203 lb

行李舱 2 中货物重量为 160 kg       货物尺寸为 1 m × 0.5 m × 0.5 m

行李舱 3 中货物重量为 83 lb       货物尺寸为 2.75 ft × 1.5 ft × 0.5 ft

a. 无论是去程还是回程，飞机均能够完成正常飞行。

b. 飞机在去程中的着陆重量超过限制范围。

c. 飞机在去程中的起飞重量超过限制范围。

d. 飞机可以完成去程飞行，但是无法完成回程飞行。

19. 某飞机装载如下：

飞行员重为 158 lb。

第 1 排乘客重为 198 lb。

第 2 排乘客重为 126 lb + 130 lb。

第 3 排无乘客。

燃油总量为 100 US Gal。

行李舱 1 与行李舱 4 中的货物总重为 100 lb。

航程燃油 73 gal。

起动燃油为 15 lb。

则该飞机：

a. 起飞重量及重心在限制范围以内。

b. 着陆重量及重心在限制范围以内。

c. 起飞重量及重心和着陆重量及重心均在限制范围以内。

d. 起飞重量及重心和着陆重量及重心均不在限制范围以内。

某飞机计划运输 3 件货物和 1 名乘客，舱单如下。检查该舱单并选择正确答案。

表9-8　某飞机舱单填写过程

| 项目 | 重量/lb | 基准力臂/in | 力矩/(lb·in) |
|---|---|---|---|
| 基本空机重量 | 3 210.00 | 88.5 | 284 085.00 |
| 飞行员和前排乘客 | 340.00 | 85.5 | 29 070.00 |
| 中排乘客或2号行李舱 | 360.00 | 118.5 | 42 660.00 |
| 后排乘客或3号行李舱 | 240.00 | 157.6 | 37 824.00 |
| 1号行李舱 | 100.00 | 22.5 | 2 250.00 |
| 4号行李舱 | 77.00 | 178.7 | 1 375.99 |
| **无燃油重量** | **4 327.00** | **91.8** | **397 264.99** |
| 燃油 | 444.00 | 93.6 | 41 558.40 |
| **停机坪重量** | **4 771.00** | **92.0** | **435 823.39** |
| 起动、滑行、滑跑燃油 | −22 | 93.6 | −2 059.20 |
| **起飞重量** | **4 749.00** | **92.0** | **436 764.19** |
| 扣除航程 燃油 | −400.00 | 93.6 | −37 440.00 |
| **着陆重量** | **4 349.00** | **91.8** | **399 324.19** |

a. 无燃油重量、停机坪重量、起飞重量和着陆重量均在限制范围以内。

b. 起飞重量在限制范围以内,无燃油重量和着陆重量超出限制范围。

c. 无燃油重量和停机坪重量在限制范围以内,起飞重量和着陆重量超出限制范围。

d. 无燃油重量、停机坪重量和起飞重量均在限制范围以内,着陆重量超出限制范围。

# 单发活塞飞机问卷答案

参考CAP 696 第2部分 SEP1

1. 3 650 lb　　　　　　　　　　　　　　　第1页

2. 100 lb/ft$^2$　　　　　　　　　　　　　第1页

3. 39 in　　　　　　　　　　　　　　　　第1页

4. 6 lb　　　　　　　　　　　　　　　　　第2页

5. 460 lb·in　　　　　　　　　　　　　　第2页

6. 13 lb　　　　　　　　　　　　　　　　第3页

7. 干使用重量为2 779 lb,位于 + 77.87 in 处。

| | 重量/lb | 力臂/in | 力矩/(lb·in) |
|---|---|---|---|
| 基本空机重量 | 2 415 | 77.7 | 187 645.5 |
| 机组 | 364 | 79 | 28 756 |
| 干使用重量 | 2 779 | | 216 401.5 |
| | | | |
| 干使用重心 | 216 401.5 | 除以 | 2 779 |
| 重心= | +77.87 in | | |

8.总重量为2 859 lb,位于 + 77.28 in处。

| | 重量/ lb | 力臂/in | 力矩/(lb·in) |
|---|---|---|---|
| 基本空机重量 | 2 415 | 77.7 | 187 645.5 |
| 机组 | 444 | 75 | 33 300.0 |
| 干使用重量 | 2 859 | | 220 945.5 |
| | | | |
| 干使用重心 | 220 945.5 | 除以 | 2 859 |
| 重心= | | +77.28 in | |

9. 使用重量为3 223 lb。

| | 重量/lb |
|---|---|
| 基本空机重量 | 2 415 |
| 机组 | 364 |
| 燃油 | 444 |
| 使用重量 | 3 223 |

10. 无燃油重量3 883 lb,位于95.74 in处。

根据5座飞机的乘客重量参考标准,一名男性乘客重量为104 kg,注意该重量包括了6 kg的手提行李。所以本题中每名男性乘客的重量应为98 kg。飞行员标准重量为85 kg。然后将千克换算为磅,方法如下:

| 机组 85 kg | × | 2.204 6 lb | 187.39 lb |
|---|---|---|---|
| 占座旅客 98 kg | × | 2.204 6 lb | 216.05 lb |

| | 重量/lb | 力臂/in | 力矩/(lb·in) |
|---|---|---|---|
| 基本空机重量 | 2 415.00 | 77.7 | 187 645.50 |
| 前排座椅 | 403.44 | 79 | 31 871.76 |
| 3号和4号座椅 | 432.10 | 117 | 50 555.70 |
| 行李舱A | 0 | 108 | 0 |
| 5号和6号座椅 | 432.10 | 152 | 65 679.20 |
| 行李舱B | 0 | 150 | 0 |
| 行李舱C | 200.00 | 180 | 36 000.00 |
| **无燃油重量** | 3 882.64 | | 371 752.16 |

无燃油重量 = 3 883 lb

用371 752.6 lb·in除以3 883 lb

CG = + 95.74 in

11. 无燃油重量2 792 lb,位于77.88 in;

起飞重量3 223 lb,位于77.76 in;

着陆重量3 043 lb,位于77.93 in。

由于有一名女性乘客,虽然没有提及其是否携带有手提行李,但仍然考虑在内。

女性乘客　　　$86 × 2.2046$ lb = 189.60 lb

飞行员　　　　$85 × 2.2046$ lb = 187.39 lb

总重量为 376.99 lb,差 0.01 即为 1 lb,故将其取整。

|  | 重量/lb | 力臂/in | 力矩/(lb·in) |
|---|---|---|---|
| 基本空机重量 | 2 415.00 | 77.7 | 187 645.50 |
| 前排座椅 | 377.00 | 79 | 29 783 |
| 3号和4号座椅 | 0.00 | 117 | 0.00 |
| 行李舱A | 0 | 108 | 0 |
| 5号和6号座椅 | 0.00 | 152 | 0.00 |
| 行李舱B | 0 | 150 | 0 |
| 行李舱C | 0.00 | 180 | 0.00 |
| 无燃油重量 | 2 792.00 | 77.88 | 217 428.50 |
| 装载燃油 | 444.00 | 75 | 33 300.00 |
| 停机坪重量 | 3 236.00 | 77.48 | 250 728.50 |
| 扣除起动、滑行、滑跑燃油 | −13 |  | −100.00 |
| 起飞重量 | 3 223.00 | 77.76 | 250 628.5 |
| 扣除航程燃油 6×5×6 | −180.00 | 75 | −13 500.00 |
| 着陆重量 | 3 043.00 | 77.93 | 237 128.5 |

12. 最大商载为 821 lb。

|  | 重量/lb |
|---|---|
| 基本空机重量 | 2 415.00 |
| 前排座椅 | 293.00 |
| 3号和4号座椅 | 0.00 |
| 行李舱A | 0 |
| 5号和6号座椅 | 0.00 |
| 行李舱B | 0.00 |
| 行李舱C | 0.00 |
| 无燃油重量 | 2 708.00 |
| 装载燃油 | 121.00 |
| 停机坪重量 | 2 829.00 |
| 扣除起动、滑行、滑跑燃油 | −13 |
| 起飞重量 | 2 816.00 |
| 扣除航程燃油 2.5×6×6 | −90.00 |
| 着陆重量 | 2 726.00 |

航程燃油计算如下,2.5 h × 6 gal/h = 15 gal。燃油重量可在图2.3中查到,或直接按6 lb/gal进行计算,15 gal × 6 lb/gal = 90 lb。需多加装的燃油重量应该是10%航程燃油或3 gal燃油中的最大值。

15 gal的10%是1.5 gal,因此备用燃油为3 gal,即18 lb。此外还应计入13 lb的滑行燃油。故燃油总重为121 lb(90 lb + 18 lb + 13 lb)。

该飞机图表显示飞机的最大起飞重量和最大着陆重量相同,均为3 650 lb。由配载包线图可知该飞机的停机坪重心已位于重心边界。从最大起飞重量中扣除停机坪重量可以得到飞机能够携带的最大商载重量。

最大商载重量为3 650 lb – 2 829 lb = 821 lb。

该重量计入了飞机滑行燃油重量。如果飞机实际起飞重量为2 816 lb,商载重量将是834 lb。这将使得飞机超过停机坪重量13 lb。

13. 8.32 ft²。

这类问题中给出一些无用的干扰信息。该题的真正用意是要求读者在A舱结构限制为50 lb/ft²的基础之上求出装载416 lb货物所需要的地板面积大小。

$$416 \text{ lb} \div 50 \text{ lb/ft}^2 = 8.32 \text{ ft}^2$$

14. 有用载重为1 017 lb。

JAA中,有用载重通常用于理论性的分析计算,它就是商载和燃油的统称。

| 占座旅客重量/lb | 行李/lb | 燃油/lb |
|---|---|---|
| 196 | B 200 | 散货舱360 |
| 105 | C 100 | |
| 56 | | |
| 小计357 | 小计300 | 小计360 |
| 合计1 017 lb | | |

15.

| | | | | |
|---|---|---|---|---|
| 干使用重量 | 2 575.00 | 位于 77.78 in | 滑行重量 | 3 189.00 | 位于 86.71 in |
| 使用重量 | 2 712.00 | 位于 77.96 in | 起飞重量 | 3 176.00 | 位于 87.04 in |
| 无燃油重量 | 3 039.00 | 位于 87.29 in | 着陆重量 | 3 078.50 | 位于 87.42 in |

| | 重量/lb | 力臂/in | 力矩/(×100 lb·in) |
|---|---|---|---|
| 基本空机重量 | 2 415.00 | 77.7 | 1 876.46 |
| 前排座椅 | 160.00 | 79 | 126.4 |
| 3号和4号座椅 | 238.00 | 117 | 278.46 |
| 行李舱A | 0.00 | 108 | 0 |
| 5号和6号座椅 | 126.00 | 152 | 191.52 |
| 行李舱B | 0.00 | 150 | 0 |
| 行李舱C | 100.00 | 180 | 180 |
| 无燃油重量 | 3 039.00 | 87.29 | 2 652.84 |
| 装载燃油 | 150.00 | 75 | 112.50 |
| 停机坪重量 | 3 189.00 | 86.71 | 2 765.34 |
| 起动、滑行、滑跑燃油 | −13.00 | 75 | −10.00 |
| 起飞重量 | 3 176.00 | 87.04 | 2 764.34 |
| 航程燃油 (2.5×6.5×6) | −97.50 | 75 | −73.13 |
| 着陆重量 | 3 078.50 | 87.42 | 2 691.21 |

| | 重量/lb | 力臂/in | 力矩/(×100 lb·in) |
|---|---|---|---|
| 基本空机重量 | 2 415.00 | 77.7 | 1 876.46 |
| 机组 | 160.00 | 79.00 | 126.4 |
| 干使用重量 | 2 575.00 | 77.78 | 2 002.86 |
| 起飞重量 | 137.00 | 75.00 | 102.75 |
| 使用重量 | 2 712.00 | 77.96 | 2 114.36 |

# 多发活塞飞机问卷答案

参考CAP 696 第3部分 MEP1。

1. 360 lb　　　　　　　　　　第1页
2. 4 750 lb　　　　　　　　　第1页
3. 4 470 lb　　　　　　　　　第1页
4. 42 041.38 lb·in

| 标准占座旅客重量 | | | |
|---|---|---|---|
| | kg | 换算关系 | lb |
| 女性 | 86 | 2.204 6 | 189.60 |
| 儿童 | 35 | 2.204 6 | 77.16 |
| 总重 | 121 | 2.204 6 | 266.76 |
| | | | |
| | 重量 | 力臂 | 力矩 |
| 后排乘客 | 266.76 | 157.6 | 42 041.38 |

5. 416 175 lb·in ÷ 89.5 in = 4 650 lb,位于重心前极限之前第3页

6. 6 lb/US Gal

7. 机翼油箱内侧位置处的前缘　　　　第1页

8. 84.5 in　　　B – A(109.8 in – 25.3 in)　第1页

9. 无特别影响　　　　　　　　　　第1页

10. 随着飞机重量增加,飞机重心前极限相应需要减小,防止飞机过于稳定,需要过量的杆力操作和配平控制。

11. 性能等级B　　　　　　　　　　第1页

12. 4 513 lb　　　　　　　　　　　第1页

13. 802 lb

| 基本空机重量 | 3 210.00 |
|---|---|
| 燃油 (123 gal × 6 lb) | 738.00 |
| 总重 | 3 948.00 |
| | |
| 最大起飞重量 | 4 750.00 |
| 总重 | −3 948.00 |
| 重量差值 | **802.00** |

14. 位于限制范围以内。

15. + 87.1 in。

利用15页的配载包线图,可以在纵轴上确定4 200 in和4 400 in的中点,过该点做水平线与重心前极限相交。根据最近的辅助线向横轴做其平行线。

16. 重量位于限制范围以内,而重心位置超出限制范围。

| 项目 | 重量/lb | 基准力臂/in | 力矩/(lb·in) |
|---|---|---|---|
| **基本空机重量** | 3 210.00 | 88.5 | 284 085.00 |
| 飞行员和前排乘客 | 183.00 | 85.5 | 15 646.50 |
| 中排乘客或 | | | |
| 行李舱2(最大360 lb) | 360.00 | 118.5 | 42 660.00 |
| 后排乘客或 | | | |
| 行李舱3(最大400 lb) | 400.00 | 157.6 | 63 040.00 |
| 行李舱1(最大100 lb) | 100.00 | 22.5 | 2 250.00 |
| 行李舱4(最大100 lb) | 100.00 | 178.7 | 17 870.00 |
| **无燃油重量(最大4 470 lb)** | **4 353.00** | **97.8** | **425 551.50** |
| 燃油(最大124 gal) | 126.00 | 93.6 | 11 793.60 |
| **停机坪重量(最大4 773 lb)** | **4 479.00** | **97.6** | **437 345.10** |
| 扣除起动、滑行、滑跑燃油 | −16 | 93.6 | −1 497.60 |
| **起飞重量( 最大4 750 lb)** | **4 463.00** | **97.7** | **435 847.50** |
| 扣除航程燃油 | −90.00 | 93.6 | −8 424.00 |
| **着陆重量(最大4 513 lb)** | **4 373.00** | **97.7** | **427 423.50** |

17.

| | | | |
|---|---|---|---|
| 干使用重量 | 3 392 lb,位于 +88.3 in | 起飞重量 | 4 290 lb,位于 +92.1 in |
| 无燃油重量 | 3 846 lb,位于 +92.0 in | 着陆重量 | 4 098 lb,位于 +92.1 in |
| 停机坪重量 | 4 320 lb,位于 +92.1 in | | |

| 项目 | 重量/lb | 基准力臂/in | 力矩/(lb·in) |
|---|---|---|---|
| **基本空机重量** | 3 210.00 | 88.5 | 284 085.00 |
| 飞行员和前排乘客 | 182.00 | 85.5 | 15 561.00 |
| 中排乘客或 | | | |
| 行李舱2(最大360 lb) | 294.00 | 118.5 | 34 839.00 |
| 后排乘客或 | | | |
| 行李舱3(最大400 lb) | 0.00 | 157.6 | 0.00 |
| 行李舱1(最大100 lb) | 60.00 | 22.5 | 1 350.00 |
| 行李舱4(最大100 lb) | 100.00 | 178.7 | 17 870.00 |
| **无燃油重量(最大4 470 lb)** | **3 846.00** | **92.0** | **353 705.00** |
| 燃油(最大124 gal) | 474.00 | 93.6 | 44 366.40 |
| **停机坪重量(最大4 773 lb)** | **4 320.00** | **92.1** | **398 071.40** |
| 扣除起动、滑行、滑跑燃油 | −30 | 93.6 | −2 808.00 |
| **起飞重量(最大4 750 lb)** | **4 290.00** | **92.1** | **395 263.40** |
| 扣除航程燃油 | −192.00 | 93.6 | −17 971.20 |
| **着陆重量(最大4 513 lb)** | **4 098.00** | **92.1** | **377 292.20** |
| | | | |
| **基本空机重量** | **3 210.00** | **88.5** | **284 285.00** |
| 机组 | 182.00 | 85.5 | 15 561.00 |
| **干使用重量** | **3 392.00** | **88.3** | **299 646.00** |

18.飞机能够飞到目的地并且返回。

首先检查货物重量是否在地板装载限制120 lb/ft$^2$范围以内。

| | kg | 换算关系 | lb | | |
|---|---|---|---|---|---|
| 货物 | 160 | 2.204 6 | 352.74 | | |
| | 货物1尺寸1 m × 0.5 m × 0.5 m | | | | |
| m | 换算关系 | ft | ft$^2$ | 重量 | lb/ft$^2$ |
| 1 | 0.304 8 | 3.28 | 5.38 | 352.74 | 65.57 |
| 0.5 | 0.304 8 | 1.64 | 2.69 | 352.74 | 131.08 |
| 0.5 | 0.304 8 | 1.64 | | | |
| | 货物2尺寸2.75 ft × 1.5 ft × 0.5 ft | | | | |
| | | 2.75 | 4.13 | 83 | 20.09 |
| | | 1.5 | 0.75 | 83 | 110.67 |
| | | 0.5 | | | |

均在地板装载限制范围内。

通过计算飞行时间,可以反推出飞机在离场机场的起飞燃油重量等。当飞机在B点着陆后,飞机携带有回程燃油,故通过回程时的燃油消耗率可以得到回程燃油的消耗量大小。

| 距离/NM | 速度/kt | 飞行时间/h | | | |
|---------|---------|-----------|---|---|---|
| 360 | 120 | 3.00 | | | |
| | | | | gal | lb |
| 去程航程燃油　3 h×10 gal(×6 lb) | | | | 30.00 | 180.00 |
| 回程油箱航程燃油　3 h×7.5 gal(×6 lb) | | | | 22.50 | 135.00 |
| 总航程燃油 | | | | 52.50 | 315.00 |
| 在A机场起动、滑行燃油　16 lb | | | | 2.67 | 16.00 |
| 在B机场起动、滑行燃油　10 lb | | | | 1.67 | 10.00 |
| 备降燃油　1.5×7.5 gal/h×6　lb | | | | 11.25 | 67.50 |
| 在A机场最大可装载燃油　123 gal　738 lb | | | | 68.09 | 408.5 |

由于燃油重量和货物重量均在限制范围以内,所以计算去程舱单。

| 由A机场飞往B机场 | 重量/lb | 力臂/in | 力矩/(lb·in) |
|------------------|---------|---------|--------------|
| **基本空机重量** | 3 210.00 | 88.5 | 284 085.00 |
| 飞行员和前排乘客 | 341.00 | 85.5 | 29 155.50 |
| 中排乘客或 | | | |
| 行李区2(最大360 lb) | 352.74 | 118.5 | 41 79.69 |
| 后排乘客或 | | | |
| 行李区3(最大400 lb) | 83.00 | 157.6 | 13 080.50 |
| 行李区1(最大100 lb) | 0.00 | 22.5 | 0.00 |
| 行李区4(最大100 lb) | 0.00 | 178.7 | 0.00 |
| **无燃油重量(最大4 470 lb)** | **3 986.74** | **92.3** | **368 120.99** |
| 燃油(最大124 gal) | 408.50 | 93.6 | 38 235.60 |
| **停机坪重量(最大4 773 lb)** | **4 395.24** | **92.5** | **406 356.59** |
| 扣除起动、滑行、滑跑燃油 | −16.00 | 93.6 | −1 497.60 |
| **起飞重量(最大4 750 lb)** | **4 379.24** | **92.4** | **404 858.99** |
| 扣除航程燃油 | −180.00 | 93.6 | −16 848.00 |
| **着陆重量(最大4 513 lb)** | **4 199.24** | **92.4** | **388 010.99** |

检查去程实际重量是否超出结构限制的最大重量。

检查重心位置是否超出了重心安全范围。

当去程检查完毕均位于限制以内,接下来计算返程飞行。

| 由A机场飞往B机场 | 重量/lb | 力臂/in | 力矩/(lb·in) |
|---|---|---|---|
| **基本空机重量** | 3 210.00 | 88.5 | 284 085.00 |
| 飞行员和前排乘客 | 341.00 | 85.5 | 29 155.50 |
| 中排乘客或 | | | |
| 行李区2(最大360 lb) | 0.00 | 118.5 | 0.00 |
| 后排乘客或 | | | |
| 行李区3(最大400 lb) | 0.00 | 157.6 | 0.00 |
| 行李区1(最大100 lb) | 0.00 | 22.5 | 0.00 |
| 行李区4(最大100 lb) | 0.00 | 178.7 | 0.00 |
| **无燃油重量(最大4 470 lb)** | **3 551.00** | **88.2** | **313 240.50** |
| 燃油(最大124 gal) | 212.50 | 93.6 | 19 890.00 |
| **停机坪重量(最大4 773 lb)** | **3 763.50** | **88.5** | **333 130.50** |
| 扣除起动、滑行、滑跑燃油 | −10.00 | 93.6 | −936.00 |
| **起飞重量(最大4 750 lb)** | **3 753.50** | **88.5** | **332 194.50** |
| 扣除航程燃油 | −135.00 | 93.6 | −12 636.00 |
| **着陆重量(最大4 513 lb)** | **3 618.50** | **88.3** | **319 558.50** |

检查返程重量是否超出结构限制的最大重量。

检查重心位置是否超出了重心安全范围。

**19. 起飞和着陆时,飞机的重量与重心均位于限制范围内。**

| 项目 | 重量/lb | 力臂/in | 力矩/(lb·in) |
|---|---|---|---|
| **基本空机重量** | 3 210.00 | 88.5 | 284 085.00 |
| 飞行员和前排乘客 | 356.00 | 85.5 | 30 438.00 |
| 中排乘客或 | | | |
| 行李区2(最大360 lb) | 256.00 | 118.5 | 30 336.00 |
| 后排乘客或 | | | |
| 行李区3(最大400 lb) | 0.00 | 157.6 | 0.00 |
| 行李区1(最大100 lb) | 100.00 | 22.5 | 2 250.00 |
| 行李区4(最大100 lb) | 100.00 | 178.7 | 17 870.00 |
| **无燃油重量(最大4 470 lb)** | **4 022.00** | **90.7** | **364 979.00** |
| 燃油(最大124 gal) | 600.00 | 93.6 | 56 160.00 |
| **停机坪重量(最大4 773 lb)** | **4 622.00** | **91.1** | **421 139.00** |
| 扣除起动、滑行、滑跑燃油 | −15.00 | 93.6 | −1 404.00 |
| **起飞重量(最大4 750 lb)** | **4 607.00** | **91.1** | **419 735.00** |
| 扣除航程燃油 | −450.00 | 93.6 | −42 120.00 |
| **着陆重量(最大4 513 lb)** | **1 457.00** | **90.8** | **377 615.00** |

20. 飞机位于起飞重量限制以内,但超过了无燃油重量和着陆重量限制。

　　关于4号行李舱的计算是错误的,并且该错误是刻意设计的($77 \times 178.7 = 13\ 759.9$)。JAA通常会利用这种方式来检查应试者是否会认真检查舱单计算结果而不是随意签上姓名就万事大吉。

| 项目 | 重量/lb | 基准力臂/in | 力矩/(lb·in) | 力矩正确答案/(lb·in) | 重心正确答案/in |
|---|---|---|---|---|---|
| **基本空机重量** | 3 210.00 | 88.5 | 284 085.00 | 284 085 | |
| 飞行员和前排乘客 | 340.00 | 85.5 | 29 070.00 | 29 070 | |
| 中排乘客或 | | | | | |
| 行李区2(最大360 lb) | 360.00 | 118.5 | 42 660.00 | 42 660 | |
| 后排乘客或 | | | | | |
| 行李区3(最大400 lb) | 240.00 | 157.6 | 37 824.00 | 37 824 | |
| 行李区1(最大100 lb) | 100.00 | 22.5 | 2 250.00 | 2 250 | |
| 行李区4(最大100 lb) | 77.00 | 178.7 | 1 375.99 | 13 759.9 | |
| **无燃油重量(最大4 470 lb)** | **4 327.00** | **91.8** | **397 264.99** | **409 648.9** | **94.7** |
| 燃油(最大124 gal) | 444.00 | 93.6 | 41 558.40 | 41 558.4 | |
| **停机坪重量(最大4 773 lb)** | **4 771.00** | **92.0** | **437 823.39** | **451 207.3** | **94.6** |
| 扣除起动、滑行、滑跑燃油 | −22 | 93.6 | −2 059.20 | −2 059.2 | |
| **起飞重量(最大4 750 lb)** | **4 749.00** | **92.0** | **436 764.19** | **449 148.1** | **94.6** |
| 扣除航程燃油 | −400.00 | 93.6 | −37 440.00 | −37 440 | |
| **着陆重量(最大4 513 lb)** | **4 349.00** | **91.8** | **399 324.19** | **411 708.1** | **94.7** |

# 第十章
## 中程喷气运输机的舱单

## 概述

本章将介绍CAP 696(JAR飞行机组执照考试重量与平衡手册)第四章 中程喷气运输飞机。该类飞机是指具有两台喷气发动机的中程运输飞机,按照FAA/JAR 25进行认证,性能等级为A级。

CAP 696中所收录的中程喷气运输机相关图表,均按照装载手册相关文档的简略格式进行设计,以尽可能贴近大型运输飞机文档的实际情况。

本章接下来将对CAP 696相关内容要点进行介绍,其目的是便于读者熟悉文档表达方式并且正确使用相关数据。本章所涉及的图表均摘录于CAP 696,并均给出了在CAP 696文档中相对应的图表编号。

## 目录

该章在手册CAP 696中分为以下7个部分:
1. 机型介绍
2. 机型相关数据
3. 重量与平衡限制
4. 燃油
5. 乘客与机组
6. 货物
7. 重量与平衡计算

## 机型相关数据

### 定位图(CAP 696图4.1)

该图是从右侧翼尖处进行观察的飞机侧视图。基准位于机头前部的飞机前主梁之前540 in处。图中分别对飞机前主梁和基准位置进行了标注,如图4-4所示。参看CAP 696第4部分2.1小条,关于基准的说明如图10-1所示。

| 2.1 | Datum point | 540 inches forward of front spar（FS） |
| --- | --- | --- |

图10-1　喷气运输机基准位置信息(CAP 696 第四章 MRJT1 第2页)

### 机身站位与平衡力臂换算表（CAP 696图4.2）

表10-1主要用于在已知机身站位（BS，Body Station）的基础上，直接查询对应平衡力臂（BA，Balance Arm）的大小。例如，已知机身站位为500A，首先在图中找到500A所在行，该行与第2列的交叉点即为对应的换算公式。本例中，换算公式为348＋22，则平衡力臂为370 in。

表10-1　站位和力臂换算表（CAP 696 第四章 MRJT1 图4.2）

| Body Station | Conversion | Balance Arm/in |
|---|---|---|
| 130 to 500 | B.S. － 152 in | −22 to 348 |
| | | |
| 500A | 348 ＋ 22 in | 370 |
| 500B | 348 ＋ 44 in | 392 |
| 500C | 348 ＋ 66 in | 414 |
| 500D | 348 ＋ 88 in | 436 |
| 500E | 348 ＋ 110 in | 458 |
| 500F | 348 ＋ 132 in | 482 |
| 500G | 348 ＋ 152 in | 522 |
| | | |
| 540 to 727 | B.S. ＋ 0 in | 540 to 727 |
| | | |
| 727A | 727 ＋ 20 in | 747 |
| 727B | 727 ＋ 40 in | 767 |
| 727C | 727 ＋ 60 in | 787 |
| 727D | 727 ＋ 82 in | 809 |
| 727E | 727 ＋ 104 in | 831 |
| 727F | 727 ＋ 126 in | 853 |
| 727G | 727 ＋ 148 in | 875 |
| | | |
| 747 to 1 217 | B.S. ＋ 148 in | 895 to 1 365 |

### 收放起落架（CAP 696 第4部分2.2小条）

起落架的收放操作对重心位置影响可以忽略，如图10-2所示。

| 2.2 | Landing Gear Retraction/Extension | negligible effect from operation of landing gear |
|---|---|---|

图10-2　喷气运输机起落架收放影响（CAP 696 第四章 MRJT1 第2页）

### 收放襟翼（CAP 696图4.3）

在CAP 696图4.3中，收放襟翼的影响以指数形式给出。襟翼收上时，指数为负；襟翼放下时，指数为正。如将襟翼从30°收到15°，给合力矩带来−1 000 kg·in{[（−15 kg·in）−（−14 kg·in）]×1 000}的影响。

表10-2 收襟翼带来的力矩影响量

| 起始角度/° | 结束角度/° | 力矩变化量/(×1 000 kg·in) |
|:---:|:---:|:---:|
| 5 | 0 | −11 |
| 15 | 0 | −14 |
| 30 | 0 | −15 |
| 40 | 0 | −16 |

### 水平安定面起飞配平设置（CAP 696图4.4）

CAP 696图4.4给出襟翼位置为5°和15°时,以%MAC表示的重心位置所对应的水平安定面配平设置值。利用该图,可以在已知重心位置和襟翼角度的前提下,较为方便地查出水平安定面配平设置值。例如,利用CAP 696图4.4确定当襟翼位置为15°、重心位置为19.5%MAC时,水平安定面配平设置为多少?

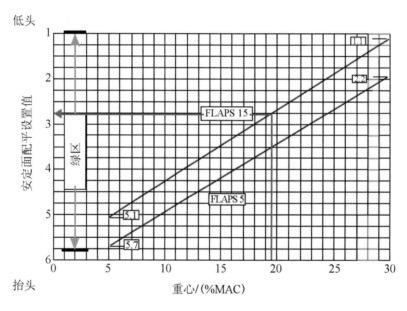

图10-3　安定面配平查寻图

1. 先在图中横轴上找到19.5%MAC所在点,然后从该点向上做垂线与15°襟翼等值线相交。

2. 从交点向左作平行线,再与纵轴相交。

3. 读出纵轴上交点位置的数值大小,即为所需安定面配平设置值,本例中为2.8。

**注意**,襟翼为5°时对应的水平安定面配置设置值在CAP 696图4.12和图4.13中右下角处,并使用圆圈符号进行标记。

### BA与%MAC的换算

飞机的平均空气动力弦弦长134.5 in,前缘位于基准之后625.6 in处。

将用长度表示的重心位置换算为%MAC的形式需用以下公式:

$$\frac{A - B}{C} \times 100\% = \%MAC$$

对于中程喷气运输飞机,直接将已知条件带入公式即可:

$$\frac{A - 625.6 \text{ in}}{134.5 \text{ in}} \times 100\% = \%MAC$$

例:

　　某飞机需要通过称重求出基本空机重量和重心位置。已知下列条件(单位为kN):

| 位置 | 平衡力臂/in | 力/kN |
|------|------|------|
| 导向轮 | 158 | 29.95 |
| 左主轮 | 698 | 152.45 |
| 右主轮 | 698 | 153.10 |

　　基本空机重量用千克表示,重心位置用%MAC表示。

　　假设重量加速度$g = 10 \text{ m/s}^2$。

1. 如下表所示,求出合力大小与合力矩大小。

| 位置 | 力臂/in | 重量/kN | 力矩/(kN·in) |
|------|------|------|------|
| 导向轮 | 158 | 29.95 | 4 732.1 |
| 左侧主轮 | 698 | 152.45 | 106 410.1 |
| 右侧主轮 | 698 | 153.1 | 106 863.8 |
| 合计 | | 335.5 | 218 006.0 |

　　基本空机重量 = (335.5 N × 1 000) ÷ 10 m/s² = 33 550 kg

2. 求出重心位置的%MAC。

　　CG = 合力矩 ÷ 总重量

　　　= 218 006 kN/in ÷ 335.5 kN

　　　= 649.8 in

$$\frac{649.8 \text{ in} - 625.6 \text{ in}}{134.5 \text{ in}} \times 100\% = 17.99\%MAC \approx 18\%MAC$$

# 重量与平衡限制

## 重量限制

结构限制的最大滑行重量　　　63 060 kg

结构限制的最大起飞重量　　　62 800 kg

结构限制的最大着陆重量　　　54 900 kg

结构限制的最大无燃油重量　　51 300 kg

## 重心限制

重心限制在CAP 696图4.11配载包线图中给出,如图10-4所示。

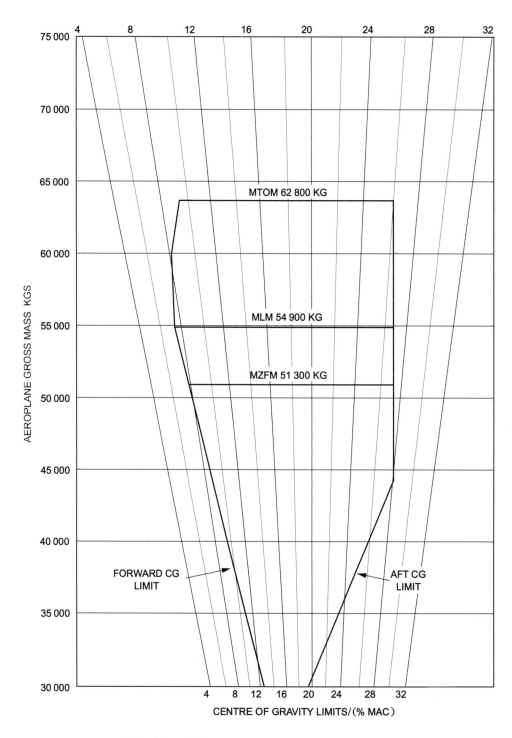

图 10-4　喷气运输机配载包线图（CAP 696 第四章 MRJT1 图 4.11）

## 燃油

　　飞机的燃油装载及其限制在该章第 4 部分给出。

　　CAP 696 图 4.5 标注出了油箱位置和容量大小，平衡力臂以英寸为单位给出，容量以美加仑和千克形式给出。图中比重 SG 为 0.8，如表 10-3 所示。

表10-3　喷气运输机油箱定位和最大容积信息（CAP 696 第四章 MRJT1 图4.5）

|  | BA | Volume/US Gal | Mass/kg |
|---|---|---|---|
| Left Wing Main Tank 1 | 650.7 | 1 499 | 4 542 |
| Right Wing Main Tank 2 | 650.7 | 1 499 | 4 521 |
| Centre Tank | 600.4 | 2 313 | 7 008 |
| Max. Total Fuel（assumes 3.03 kg/US Gal） | 628.8 | 5 311 | 16 092 |

注意表格最后关于中央油箱以及燃油密度为3.03 kg/US Gal的提示。

在飞行中，机翼在机身所受重力与机翼所受升力的共同影响下向上弯曲。为了减少机翼载荷对机身和机翼结合部位的应力影响，标准的方法是按照由内而外的方法消耗燃油，即先使用中央油箱然后再使用机翼油箱的燃油。这样一来，在减小机身重量对结合部位弯曲应力影响的同时，也通过机翼外侧油箱内的燃油重量进一步克服机翼升力对结合部位所带来的弯曲应力影响。

CAP 696图4.6以与图4.5相同的形式标注出了飞机上的不可用燃油。但是列的顺序略有调整，如表10-4所示。

表10-4　喷气运输机不可用燃油信息（CAP 696 第四章 MRJT1 图4.6）

| Location | Volume/US Gal | Mass/kg | BA |
|---|---|---|---|
| Wing Tank 1 | 4.6 | 14.0 | 599.0 |
| Wing Tank 2 | 4.6 | 14.0 | 599.0 |
| Centre Tank | 7.9 | 24.0 | 600.9 |

在该页底部给出了油箱位置图表。

# 乘客与机组人员

有关乘客（占座）与机组人员的详细信息在CAP 696中也有给出：

**最大乘客人数**　　　　141
**头等舱/商务舱**　　　　33
**经济舱**　　　　　　　108

CAP 696第5.2小条及其图表，还有 CAP 696 图4.7（如图10-5所示）和图4.8（如表10-5所示），均详细描述了客舱乘客分布情况。注意有关装载乘客人数较少时的相关注释（If the pax load is low, zones B, C and D are the preferred seating areas）。

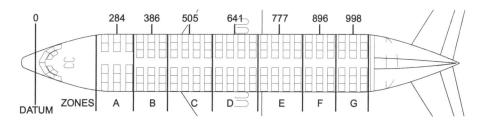

图10-5　客舱力臂示意图（CAP 696 第四章 MRJT1 图4.7）

在CAP 696图4.8中给出了客舱最大装载能力与对应的平衡力臂,以及各舱段的**重心位置**。标注出的平衡力臂是指从基准到舱段中部的距离。

表10-5　客舱装载能力与力臂示意图(CAP 696第四章 MRJT1 图4.8)

| ZONE | NO. PAX | B.A. |
|---|---|---|
| A | 15 | 284 |
| B | 18 | 386 |
| C | 24 | 505 |
| D | 24 | 641 |
| E | 24 | 777 |
| F | 18 | 896 |
| G | 18 | 998 |

## 乘客重量

CAP 696第5.3小条(如图10-6所示)的图表中乘客重量一律按照人均84 kg计,如有专门声明要求考虑乘客携带的手提行李,还应该在84 kg基础之上再加上6 kg的手提行李重量。除此之外,并未提及区分乘客年龄大小和性别差异,每一名乘客重量均按照84 kg计。

> 5.3　Passenger Mass
> Unless otherwise stated, passenger mass is assumed to be 84 kg (this includes a 6 kg allowance for hand baggage)

图10-6　乘客的标准重量(CAP 696第四章 MRJT1 第4页)

## 乘客行李

乘客行李重量一律按照人均13 kg计,如图10-7所示。

> 5.4　Passenger Baggage
> Unless otherwise stated, a baggage allowance of 13 kg may be made per passenger.

图10-7　行李的标准重量(CAP 696第四章 MRJT1 第4页)

## 机组

表10-6　机组的标准重量(CAP 696第四章 MRJT1 第4页)

| 标准 | 数量 | 力臂 | 标准重量/kg |
|---|---|---|---|
| 驾驶舱机组 | 2 | 78.0 | 90 |
| 前客舱机组 | 2 | 162.0 | 90 |
| 后客舱机组 | 1 | 1 107.0 | 90 |

所有机组成员均不考虑性别差异,一律按照人均90 kg计。

# 货物(CAP 696图4.9)

CAP 696图4.9包括两张子表,分别对飞机前后的货舱舱段限制进行了详细说明。在CAP 696图 4.9名为货舱舱段限制的表中,合并的区域代表整个前货舱或后货舱,而没有合并的区域代表各货舱内的子舱段。

### 前货舱

前货舱被分为3个子舱段,各子舱段具有不同的纵向载荷限制,具有相同的面积载荷限制。

JAA试题中常常为了迷惑应试者而故意询问前货舱后子舱段的最大纵向载荷强度是多少。这很容易被应试者理解为求解后货舱的最大纵向载荷强度是多少。正确答案应为13.12 kg/in。

表10-7　喷气运输机前货舱限制(CAP 696第四章MRTJ1图4.9上部)

| BA/in | 228 | 286 | 343 | 500 |
|---|---|---|---|---|
| 各舱段最大纵向载荷/(kg/in) | | 13.15 | 8.47 | 13.12 |
| 各舱段最大面积载荷/(kg/ft²) | | 68 | | |
| 各舱段最大承重/kg | | 762 | 483 | 2 059 |
| 各舱段形心力臂/in | | 257 | 314.5 | 421.5 |
| 舱段最大总承重/kg | | 3 305 | | |
| 前货舱形心力臂/in | | 364.9 | | |
| 前货舱体积/ft³ | | 607 | | |

表10-8　喷气运输机后货舱装载限制(CAP 696第四章 MRJT1 图4.9 下部)

| BA/in | 731 | 940 | 997 | 1 096 |
|---|---|---|---|---|
| Maximum Compartment Running load (kg/in) | | 14.65 | 7.26 | 7.18 |
| Maximum Distribution Load Intensity (kg/ft²) | | 68 | | |
| Maximum Compartment Load (kg) | | 3 062 | 414 | 711 |
| Compartment Centroid (BA/in) | | 835.5 | 968.5 | 1 046.5 |
| Maximum Total Load (kg) | | 4 187 | | |
| Aft Hold Centroid (BA/in) | | 884.5 | | |
| Aft Hold Volume (ft³) | | 766 | | |

### 舱段最大承重

将舱段长度乘以纵向载荷限制就得到舱段最大承重。例如,前货舱前子舱段长为58 in(286 in – 228 in),纵向载荷限制为13.15 kg/in。则该舱段最大承重为58 in × 13.15 kg/in = 762.7 kg,在表中记为762 kg。

### 舱段重心

参考CAP 696图4.9中的图表可以看到,装载在前货舱中的货物重心位置为前货舱重心到基准的距离,即367.9 in。然而,前货舱内各子舱段也有其各自的重心位置,譬如前子舱段重心位置为基准后

257 in。所以,应试者需要通过仔细阅读试题来判断究竟应该使用货舱重心位置还是子舱段重心位置。

**注意**,在根据图表回答问题时,必须使用对应图表中的正确数据。

## 重量与平衡的计算

**舱单(CAP 696图4.10和图4.11)**

CAP 696第7.1小条详细介绍了如何使用CAP 696舱单图4.10(如图10-8所示)和配载包线图4.11来求解飞机的重量与平衡问题。通过仔细阅读此类清单有助于检查飞机是否满足重量与平衡的相关限制。

Max Permissible Aeroplane Mass Values:

TAXI MASS -                    ZERO FUEL MASS -

TAKE OFF MASS -                LANDING MASS-

| ITEM | MASS/kg | B.A./in | MOMENT/ (×1 000 kg·in) | CG/ (% MAC) |
|---|---|---|---|---|
| 1. DOM | | | | |
| 2. PAX Zone A | | 284 | | |
| 3. PAX Zone B | | 386 | | |
| 4. PAX Zone C | | 506 | | |
| 5. PAX Zone D | | 641 | | |
| 6. PAX Zone E | | 777 | | |
| 7. PAX Zone F | | 896 | | |
| 8. PAX Zone G | | 998 | | |
| 9. Cargo Hold 1 | | 367.9 | | |
| 10. Cargo Hold 4 | | 884.5 | | |
| 11.Additional Items | | | | |
| **ZERO FUEL MASS** | | | | |
| 12. Fuel Tanks 1 and 2 | | | | |
| 13. Centre Tank | | | | |
| **TAXI MASS** | | | | |
| Less Taxi Fuel | | | | |
| **TAKE OFF MASS** | | | | |
| Less Flight Fuel | | | | |
| **EST. LANDING MASS** | | | | |

图10-8  喷气运输机空白舱单(CAP 696 第四章 MRJT1 图4.10)

燃油的重心位置可以从CAP 696图4.14中查出,如表10-9所示。

表10-9　喷气运输机燃油指数修正表(CAP 696 第四章 MRJT1 图4.14)

| Fuel Mass/kg | | Indes Units | Fuel Mass/kg | | Index Units |
|---|---|---|---|---|---|
| | 500 | −1.0 | | 9 330 | −0.3 |
| | 750 | −1.5 | | 9 850 | −0.9 |
| | 1 000 | −1.9 | | 9 830 | −1.5 |
| | 1 250 | −2.3 | | 10 080 | −2.1 |
| | 1 500 | −2.6 | | 10 330 | −2.7 |
| | 1 750 | −3.0 | | 10 580 | −3.3 |
| | 2 000 | −3.3 | | 10 830 | −3.9 |
| | 2 500 | −3.7 | | 11 080 | −4.5 |
| | 3 000 | −4.3 | | 11 330 | −5.1 |
| | 3 500 | −4.7 | | 11 580 | −5.7 |
| | 4 000 | −5.1 | | 11 830 | −6.3 |
| | 4 500 | −5.4 | | 12 080 | −6.9 |
| | 5 000 | −5.7 | | 12 330 | −7.5 |
| | 5 500 | −5.9 | | 12 580 | −8.1 |
| | 6 000 | −6.0 | | 12 830 | −8.7 |
| | 6 500 | −6.1 | | 13 080 | −9.3 |
| | 7 000 | −5.9 | | 13 330 | −9.9 |
| | 7 500 | −5.0 | | 13 580 | −10.5 |
| | 7 670 | −4.6 | | 13 830 | −11.1 |
| | 7 830 | −4.1 | | 14 080 | −11.7 |
| | 8 000 | −3.7 | | 14 330 | −12.3 |
| | 8 170 | −3.2 | | 14 580 | −12.9 |
| | 8 330 | −2.6 | | 14 830 | −13.5 |
| | 8 500 | −2.1 | | 15 080 | −14.1 |
| | 8 630 | −1.6 | | 15 330 | −14.8 |
| | 8 750 | −1.1 | | 15 580 | −15.4 |
| | 8 880 | −0.6 | | 15 830 | −16.3 |
| | 9 000 | −0.1 | | 16 080 | −17.1 |
| tanks 1 and 2 full | 9 080 | +0.3 | centre tank full | 16 140 | −17.3 |

Usable fuel quantities in lines = 20 kg (included in the tables)

Interpolation not necessary!

接下来将通过具体图例来说明舱单的使用方法。结构限制、乘客、货物、燃油及消耗量均已在下面给出。

CAP 696 图4.10　中程喷气运输机舱单

许可的飞机最大重量:

最大滑行重量　　63 060 kg　　　　最大无燃油重量　　51 300 kg

最大起飞重量　　62 800 kg　　　　最大着陆重量　　54 900 kg

表 10-10　某飞机装载舱单计算填写示意

| 项目 | 重量/kg | 力臂/in | 力矩/（×1 000 kg·in） | 重心/(%MAC) |
|---|---|---|---|---|
| 1. 干使用重量 | 34 500 | 649.00 | 22 390.5 | |
| 2. A 区占座旅客 | 840.00 | 284.00 | 238.60 | — |
| 3. B 区占座旅客 | 1 512 | 386.00 | 583.60 | — |
| 4. C 区占座旅客 | 2 016 | 505.00 | 1 018.1 | — |
| 5. D 区占座旅客 | 2 016 | 641.00 | 1 292.3 | — |
| 6. E 区占座旅客 | 2 016 | 777.00 | 1 566.4 | — |
| 7. F 区占座旅客 | 1 512 | 896.00 | 1 354.8 | — |
| 8. G 区占座旅客 | 1 092 | 998.00 | 1 089.8 | — |
| 9. 1 号货舱 | 650.00 | 367.9 | 239.10 | — |
| 10. 4 号货舱 | 2 120 | 884.5 | 1 875.1 | — |
| 11. 附加项 | 无 | 无 | 无 | — |
| 无燃油重量 | 48 274 | 655.60 | **31 648.3** | **22.30** |
| 12. 1 号和 2 号油箱 | 9 084 | 650.70 | 5 911 | — |
| 13. 中央油箱 | 4 916 | 600.40 | 2 951.6 | — |
| 滑行重量 | 62 274 | 650.50 | **40 510.9** | 18.50 |
| 扣除滑行燃油 | −260.00 | 600.40 | −156.10 | |
| 起飞重量 | 62 014 | 650.70 | **40 354.8** | 18.70 |
| 扣除飞行燃油 | 4 844 | 650.7 | −3 152 | — |
| | 4 656 | 600.4 | −2 795.5 | |
| | 小计 9 500 | | | |
| 预计着陆重量 | 52 514 | 655.20 | **34 407.3** | 22.53 |

　　中央油箱在该飞机起动时装有 4 916 kg 燃油,这部分燃油会被首先使用。在扣除试车和滑行燃油 260 kg 以后,中央油箱中还存有 4 656 kg 燃油。飞机在起飞和初始飞行阶段,航程用油仍然从中央油箱中抽取。当中央油箱中的燃油被用完以后,接下来开始使用机翼油箱中的燃油维持飞机继续飞行。本次飞行中共从机翼油箱中抽取了 9 500 kg − 4 656 kg = 4 844 kg 燃油。将舱单中的无燃油重量、起飞重量和着陆重量填写完毕以后,如果经检查均在限制范围以内,那么接下来就以对应的重心位置 %MAC 为横坐标,以对应的重量为纵坐标在配载包线图中绘出其位置。

CAP 696 图4.11 中程喷气运输机配载包线图

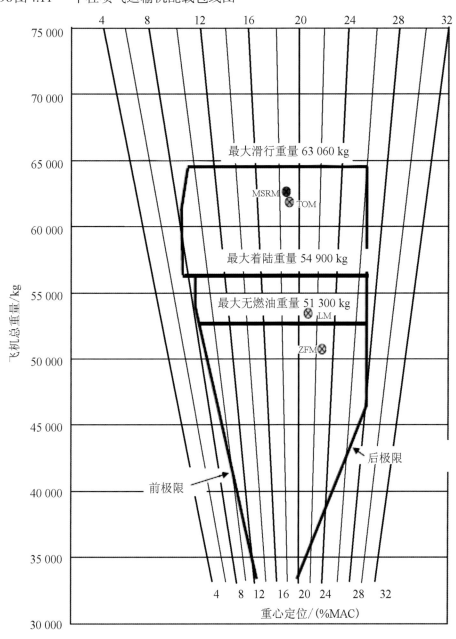

图 10-9 某飞机配载包线图

只有当各阶段对应重量均位于包线图中重量限制以内,且对应重心位置位于重心安全范围以内时,才能够做出飞机装载是否在限制范围以内的判断。

从CAP 696 图4.11 中可以看出,由%MAC 表示的前后极限,最小 30 000 kg、最大 63 060 kg 的重量变化区间,最大着陆重量和最大无燃油重量的限制,共同构成了配载包线范围。

**装载配平表(CAP 696 图4.12和图4.13)**

装载配平表是用来计算飞机重量与平衡的工具之一。大型运输飞机运营人使用该表的目的是:

➤ 提高重量与平衡计算速度。

➤ 将重要信息以简单易用的方式提供给飞行员。

➤ 提供局方规定的必备文档记录。

JAR-OPS第J部规定了装载配平表必须至少具备以下信息：

➤ 飞机注册信息和机型信息。

➤ 航班号。

➤ 机长相关信息。

➤ 配载人员相关信息。

➤ 飞机干使用重量大小和重心位置。

➤ 起飞燃油重量和航程燃油重量。

➤ 其他消耗物重量。

➤ 业载、乘客、行李和货物。

➤ 起飞重量、着陆重量和无燃油重量。

➤ 装载分布。

➤ 飞机重心位置。

➤ 重量和重心限制信息。

具备以上信息的文档就是装载配平表，在CAP 696的图4.13中就给出了装载配平表的样例。

在CAP 696第7.2小条对装载配平表的使用方法进行了详细说明。为了便于读者理解，CAP 696图4.13中给出的是已填写样例。

**CAP 696图4.13中的装载配平表样例可以分为两个区域：**

➤ A区为装载概况，逐一给出了飞机干使用重量改变为着陆重量这一过程中的各项重量。

➤ B区为飞机从干使用重量改变为着陆重量时，各项重量及对应重心位置变化所需的配平调整。

A区可以细分为3个部分。

第一部分用于计算得出飞机的起飞重量限制、最大允许的业载和允许的最后一分钟变动。

第二部分用于得到业载的分布

| TR | 过站经停 |
|---|---|
| B | 行李 |
| C | 货物 |
| M | 邮件 |
| Pax | 乘客 |
| Pax F | 头等舱乘客 |
| Pax C | 商务舱乘客 |
| Pax Y | 经济舱乘客 |

第三部分为装载合计，同时也用于交叉检查飞机重量是否超出了限制范围。

| DOI | 干使用指数 |
|---|---|
| MLDGM | 最大着陆重量 |

**注意**，参看以下样例，凡CAP 696的装载配平表均将乘客行李重量视为标准条件下的每人14 kg，而在舱单中则将其视为每人13 kg。

燃油指数修正（CAP 696图4.14）

CAP 696图4.14根据燃油重量大小列出了对应力矩指数的修正表。

**注意**，表格下方的注释对于解答试题非常重要。

在接下来的几页中，将给出装载配平表的图示，并逐步说明表格各部分的使用方法。在接触该表之初，读者一定会觉得其内容非常复杂，但只要按给出的方法多加练习，使用该表将会变得非常简单。

CAP 696图4.12　装载配平表（未填写）

表10-11　喷气运输机装载配平表（CAP 696第四章MRTJ1图4.12）

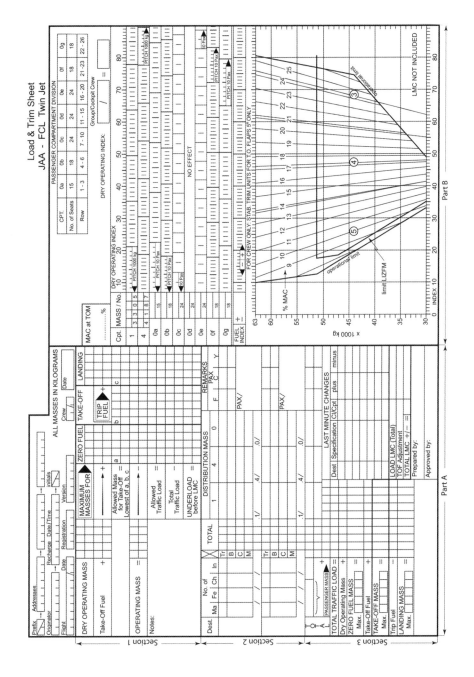

航线运输飞行员理论培训教材

**装载表**

要完成装载表的填写,需要仔细阅读参考 CAP 696 图 4.13 中的标题性文字和使用了黑色放大字体的标注。为了便于阅读查寻,该表被细分为 3 部分。具体数据均参考 CAP 696 图 4.13。

**第一部分**

该部分表格被划分为 4 列。在第 2 列中有两处位置分别有一箭头指向右侧,它代表第 1 列中对应的参数可以被再次填写到同一行的其他位置。此外,该部分表格中还印制有"+""−""="等符号,当沿纵向填写表格时需要根据符号所示进行数学计算。

**第 1 列**

1. 首先,填入干使用重量 34 300 kg。

2. 其次,在干使用重量下方填入起飞燃油重量 14 500 kg。

3. 然后,将干使用重量与起飞燃油重量相加,得到飞机使用重量为 48 800 kg,计算结果填入飞机使用重量这一栏。

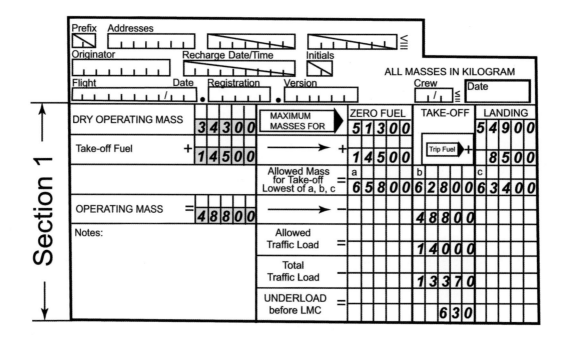

第2列和第3列

4. 填入飞机最大无燃油重量51 300 kg,并在其下方填入飞机起飞燃油重量14 500 kg。

5. 将最大无燃油重量与起飞燃油重量相加,得到允许的起飞重量为65 800 kg,并将其填写到下方含"a"字样栏目的下一行。注意,"a""b""c"三栏中的最小值才是实际允许起飞重量。

6. 将结构限制的最大起飞重量、性能限制的最大起飞重量和法规最大起飞重量中的最小值,也就是62 800 kg填写到含"b"字样栏目的下一行。

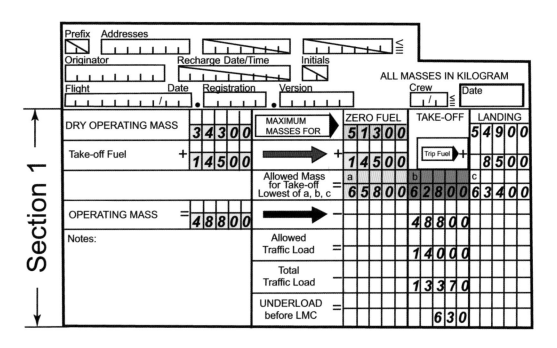

第4列

7. 在标题为着陆字样的下方,填入结构限制的最大着陆重量、性能限制的最大着陆重量和法规最大着陆重量中的最小值,也就是54 900 kg。在接下来的一行填入航程燃油重量8 500 kg。

8. 将着陆重量与航程燃油重量相加,就获得反向推导的允许起飞重量63 400 kg。将其填入含"c"字样栏目的下一行。

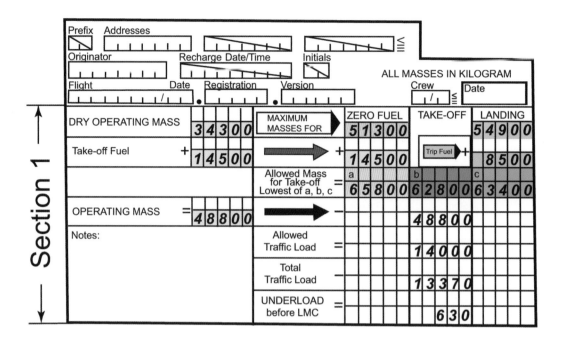

起飞重量和业载

9. 确定"a""b""c"三栏中的最小值,并将其作为实际许可的最大起飞重量。本例中最小值为"b"栏 62 800 kg,因此飞机的最大许可起飞重量为 62 800 kg。

10. 接下来需要计算出允许业载、总业载、缺载,并填入"b"栏所在列。

11. 根据第 1 列计算结果直接将使用重量 48 800 kg 填入对应栏。然后用最大允许起飞重量减去使用重量就得到允许业载 14 000 kg,结果填入对应栏。这就是飞机在已知干使用重量和起飞燃油重量情况下,从出发地机场起飞到目的地机场着陆的过程中,飞机能够运输的最大业载重量。

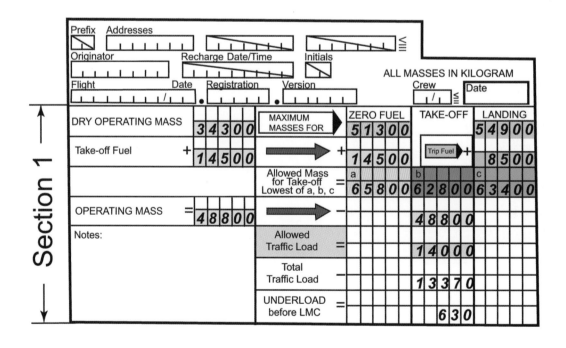

第二部分

该部分表格主要用于计算业载分布。注意,这部分表格大致被分为3大列。

第12项到第14项

12. 乘客的大致情况通过第1大列的7个子列来进行表示。子列1标题为Dest意为目的地,在标题下方填入目的地机场三字代码,本例中目的地机场三字代码为LMG。

13. 接下来紧贴子列1的是标题分别为Ma、Fe、Ch和In共4个子列,在其标题下方应分别填入成年男性、成年女性、儿童和婴儿乘客的数量。本例中,飞机上有130名成年男性乘客,因此将130填入标题Ma下方。。

14. 子列6中给出了代码Tr(Transit)、B(Baggage)、C(Cargo)和M(Mail),它们分别代表过站经停、行李、货物和邮件重量,参见CAP 696第28页。各部分重量按代码位置分别填写到子列7中相应栏目内。本例中,行李重1 820 kg,货物重630 kg。

| Section 2 | Dest. | No of | | | | X | TOTAL | DISTRIBUTION MASS | | | Remarks | | |
| | | Ma | Fe | Ch | In | | | 1 | 4 | 0 | PAX | | |
| | | | | | | | | | | | F | C | Y |
| | L M G | | | | | Tr | | | | | | | |
| | | 130 | | | | B | 1820 | 600 | 1220 | 10920 | | | |
| | | | | | | C | 630 | | 630 | | *PAX/ | | |
| | | | | | | M | | | | | | | |
| | | | | | | *T | | *1/ 600 | *4/ 1850 | *0/ 10920 | | | VIII |
| | — | | | | | Tr | | | | | | | |
| | | | | | | B | | | | | | | |
| | | | | | | C | | | | | *PAX/ | | |
| | | | | | | M | | | | | | | |
| | | | | | | *T | | *1/ | *4/ | *0/ | | | VIII |

第15项到第19项

15. 第2大列对应标题为重量分布,该列又进一步分为"1""4""0"的3个子列。"1"为前货舱、"4"为后货舱、"0"为客舱。

16. 本例中,重为1 820 kg的行李有600 kg装载于前货舱,有1 220 kg装载于后货舱。此外,重为630 kg的货物也装载于后货舱。客舱乘客重量为10 920 kg。

130人 × 84 kg/人 = 10 920 kg

17. 在第1大列中缩写代码M下方为*T,该行代表"1""4""0"这3个子列的重量之和:

　　*1/600 kg　　　　　　*4/1 850 kg　　　　　　　*0/10 920 kg

18.如有除乘客之外的其他物品也被安放在客舱中,则该部分重量也应填入"0"子列。乘客重量也可以通过考虑性别和年龄差异的方法来进行验证。

19. 标题为Remarks/PAX的是第3大列。该列也细分为"F(头等舱)""C(商务舱)""Y(经济舱)"3个子列。这是按照CAP 696第28页规定的客舱分级代码。

| Section 2 | Dest. | No of | | | | X | TOTAL | DISTRIBUTION MASS | | | Remarks PAX | | |
|---|---|---|---|---|---|---|---|---|---|---|---|---|---|
| | | Ma | Fe | Ch | In | | | 1 | 4 | 0 | F | C | Y |
| ↑ L M G | | 130 | | | | Tr | | | | | | | |
| | | | | | | B | 1820 | 600 | 1220 | 10920 | | | |
| | | | | | | C | 630 | | 630 | | *PAX/ | | |
| | | | | | | M | | | | | | | Ⅷ |
| | | | | | | *T | | *1/ 600 | *4/ 1850 | *0/ 10920 | | | |
| ↓ — | | | | | | Tr | | | | | | | |
| | | | | | | B | | | | | | | |
| | | | | | | C | | | | | *PAX/ | | |
| | | | | | | M | | | | | | | Ⅷ |
| | | | | | | *T | | *1/ | *4/ | *0/ | | | |

### 第三部分

第三部分主要将各实际相关重量与重量上限进行对比,以判断飞机的实际重量是否超出了限制范围。该部分大致被分为2个主要区域:

左侧区域　　　　实际装载和装载上限。

右侧区域　　　　最后一分钟变动内容,以及签字署名。

### 第20项到第27项

20. 在第1列中输入乘客总数130人。在其右侧第2列中输入行李重量以及货物重量等从第二部分得到的相关重量。本例中,为2 450 kg。

21. 在其下方一行,填入从第二部分得到的乘客重量10 920 kg。将乘客重量、行李重量以及货物重量等加在一起得到业载重量,2 450 kg + 10 920 kg = 13 370 kg,填入下一行。

22. 飞机的干使用重量34 300 kg填入业载重量下方一行。

23. 将飞机最大无燃油重量51 300 kg填入第1列对应栏目。接下来将飞机总业载重量加上干使用重量得到飞机实际无燃油重量,13 370 kg + 34 300 kg = 47 670 kg,结果填入第2列对应栏目。

24. 在第2列飞机飞机实际无燃油重量下方一行填入起飞燃油重量14 500 kg。将起飞燃油重量加上实际无燃油重量得到飞机的实际起飞重量,14 500 kg + 47 670 kg = 62 170 kg。

25. 将飞机最大允许起飞重量62 800 kg填入第1列对应栏目。

26. 将航程燃油重量8 500 kg填入第2列对应栏目。然后用起飞重量减去航程燃油重量得到飞机着陆重量,62 170 kg - 8 500 kg = 53 670 kg,结果填入第2列对应栏目。

27. 将飞机最大允许着陆重量54 900 kg填入第1列对应栏目。

回到第一部分

第28项到第29项

28. 将飞机实际业载重量13 370 kg填入到第一部分中Total Traffic Load一栏。

29. 用允许业载重量14 000 kg减去实际业载重量13 370 kg，就得到630 kg缺载重量。缺载重量在最后一分钟变动完成之前仍然会因为乘客的登/下机或货物的装/卸载而发生变化。

在第三部分第1列所填入的限制值均由第一部分的相关重量计算得到。实际业载的重量大小由填入第二部分的相关重量计算得到。起飞燃油重量和航程燃油重量由第一部分的相关重量计算得到。

这就使得填表人和机长可以对表中各数据进行交叉检查。

**最后一分钟变动**

　　将最后一分钟变动的总重量(注意:包括发生变动的商载重量和发生变动的起飞燃油重量)填入第三部分对应栏目。填写完毕后,还需要核对被变动重量是否超出了限制范围。机长必须对最后一分钟变动所带来的重量变化给予足够重视,首先要确保最后一分钟变动发生后选用正确的配平值大小,其次必须对已发生的变动进行签字确认。

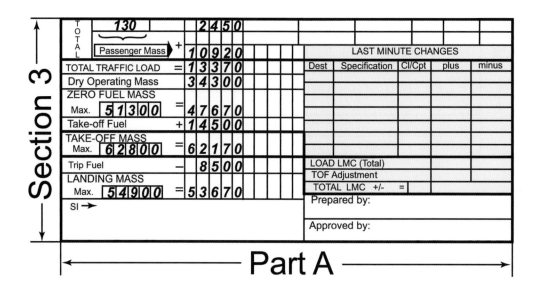

**配平表**

　　CAP 696图4.13中的配平表主要由上下两部分组成:

　　上半部分主要由一系列处于配载包线图顶部的水平标尺构成。配平表中引入了力矩指数的表示方法,使用该表时,更易识别不同位置重量所产生力矩是否位于限制范围以内。

　　为了让读者掌握配平表的使用方法,本文将CAP 696中的图例4.13分为上下两部分。其中表的上半部分如下图所示:

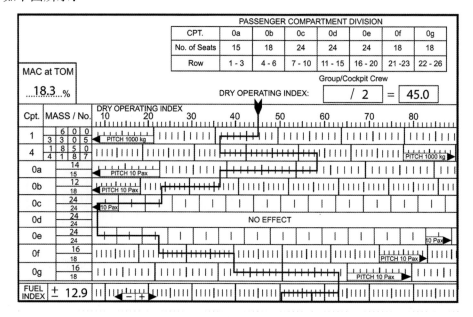

在使用配平表时,需要注意一些细节。

在图表最上方右侧,将客舱划分为Oa、Ob等几个区域(参见CAP 696图4-7飞机客舱分布图)。在每个区域下面两行,分别为该区域的最大座位数和对应排数。例如,客舱区域Oa最多有15个座位,而这15个座位分布于第1排至第3排。

在乘客分布表之下是标题字样为机组成员/驾驶舱成员,在第1个框中填入机组代码或成员人数,在第2个框中填入飞机的干使用指数。

**注意**,机组配置通常根据运营人的安排而会发生变化,因此在考试中涉及较少。而对于干使用指数,如果试题计算中有所需要,则会明确给出。

在图表上方左侧,有一用%MAC表示的起飞重心位置的栏目。当完成配平表填写以后,需要将最终结果填入该框。

在 MAC of TOM 栏目下面的表格中,有两列标题分别为 Cpt. 和 MASS/No.。Cpt.是货舱舱段(Compartment)的缩写。

第1列前两行,用于确定各货舱舱段的重心位置;"1"代表前货舱、"4"代表后货舱。从这两行再往下,就是客舱舱段。

第2列中每一栏又进一步分为上下两部分,在每栏下半部分需要填入该舱段的重量限制或人数限制,譬如舱段Oa就应该如下所示填入15。

| Oa | |
|---|---|
| | 15 |

第3列则是从"Cpt 1"货舱段到"Og"客舱段的重心位置刻度尺。各舱段均使用具有一定间隔的垂线作为刻度线。找到该舱段装载重量对应的刻度,就能够反映出这部分重量对飞机重心位置所产生的影响。

**注意**,舱段Od对飞机重心位置并没有影响(参见CAP 696第5.2小条)。

在每一行中,均印制有一个箭头,该箭头主要用于指示重量增加对重心位置左右移动的影响方向。此外,在箭头上还标有数字,用于确定飞机重量增加以后重心位置需被移动的刻度多少。对于货舱1和货舱2,箭头上的数字以千克为单位;对于客舱Oa到客舱Og,箭头上的数字以人数为单位。

例:

1. 将装载表中与Cpt.1 + 2重量有关的计算结果填入配平表对应栏目。Cpt.1 重600 kg,Cpt.2 重1 850 kg。

2. 将各客舱舱段的乘客人数填入配平表对应栏目Oa~Og:

| | |
|---|---|
| Oa | 14 |
| Ob | 12 |
| Oc | 24 |
| Od | 24 |
| Oe | 24 |
| Of | 16 |
| Og | 16 |

3. 检查确保各舱单货物重量和乘客人数不超出限制,以及乘客总人数与装载表第二部分中的结果相符,本例中为130。

4. 将飞行员人数填入Group/Cockpit Crew栏目以内。本例中,飞行员人数为2。

5. 将干使用指数填入第2个框内。本例中,按照第28页的表格中的数据,干使用指数为45.0。

6. 根据已知干使用指数大小,在具有Dry Operating Index字样的重心位置比例尺的第一行,标记干使用指数45.0的具体位置。

7. 从标记为45.0 DOI的位置处向下作垂线,当垂线进入到Cpt.1这一行时停止。

8. 因为该行箭头方向向左,每1个单位大刻度代表1 000 kg重量产生的影响,所以每1个单位小刻度代表了100 kg重量产生的影响。货舱1中600 kg货物对飞机重心位置产生的影响为水平向左移动了6个小刻度单位的距离。

9. 如果从上一行比例尺做出的垂线不能恰好落在下一行比例尺的刻度线之上。填表者需要量出重心位置拟移动的确切距离。如CAP 696图4.G所示,在完成了当前行的计算移动后,再次向下一行作垂线并在垂线到达该行中部时停止。

10. 接下来填表者继续依次计算并标出客舱各舱段乘客重量给飞机重心位置带来的影响,必要的时候还需要进行插值计算来得到水平移动的确切距离。

11. 当完成了货舱和客舱的全部舱段的计算以后,从作图结束点继续作垂线直接穿过燃油指数栏,进入配载包线图,就可以得到飞机的无燃油重心位置。如下图所示:

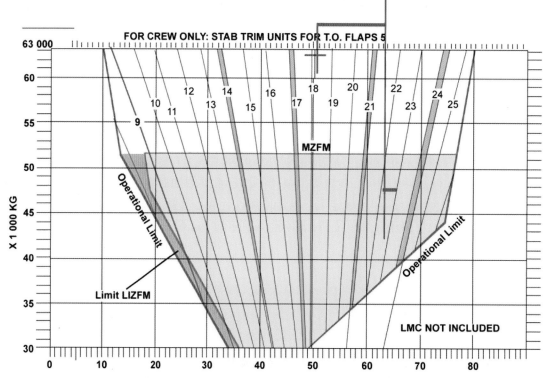

12. 使用由装载表计算得到的无燃油重量(本例中为47 670 kg)为纵坐标,使用进入配载包线图的垂线为横坐标,二者交点就是飞机当前的无燃油重心位置。该位置可以按配载包线图上的比例,以%MAC的形式读出。

13. 接下来检查交点是否位于无燃油指数边界限制以内以及最大无燃油重量限制以下。

**注意**,对于本架飞机,无燃油重心前极限略小于可运行重心前极限。

14. 为进一步得到飞机加载燃油以后的重心位置,填表者还需要利用燃油指数修正表(CAP 696中图4.14)。本例中,因为起飞燃油重量为14 500 kg,所以无法直接在燃油指数修正表中找到对应重量,填表者在这种情况下需要选择比实际起飞燃油重量略大一点的最近的数字14 580 kg进行查找,最后得到燃油指数修正值为12.9。

配平表中的燃油指数栏上有两个箭头方向指引,它们代表当燃油指数修正值为负时向左平移;当燃油指数修正值为正时向右平移,每一个大刻度有10个小单位。

15. 为了确定起飞重心指数,还需要在无燃油重心指数之上加上或减去燃油指数修正值。本例中,燃油指数修正值为负,因此需要将无燃油重心指数向左平移12.9个单位后,再做垂线进入配载包线图。同样以该垂线为横坐标,以飞机起飞重量为纵坐标,二者交点就是飞机当前的起飞重心位置。

16. 检查飞机起飞重心位置是否在运行限制范围以内。

加载燃油时,飞机重心位置会随着燃油加载按特定规律从无燃油重心位置向起飞重心位置移动。反过来,当燃油随着飞行消耗而逐渐减少时,重心位置会按相同规律反向移动。

为了确定着陆重心位置,需要从起飞燃油重量中减去航程燃油重量,以便得到飞机着陆时油箱中尚未被消耗的燃油重量。

本例中,就需要将14 500 kg − 8 500 kg = 6 000 kg的未消耗燃油重量按CAP 696图4.14所示转换为指数修正量的形式。

6 000 kg转换为指数修正量是 − 6。因此,在燃油指数表中将无燃油重心位置向左平移6个单位,然后作垂线进入配载包线图。以该垂线为横坐标,以飞机着陆重量54 900 kg为纵坐标,二者交点就是飞机实际着陆重心位置。该交点应正好位于飞机从无燃油重心位置向起飞重心位置移动的连线上。

**注意**,包线图中的重心位置并未计入最后一分钟变动影响。

配平表的其他用处是:
➤ 找出已知重心位置飞机的指数大小。
➤ 找出以%MAC形式表示的重心位置。
➤ 找出使用重量对应的重心位置。
➤ 调整重心位置。

### 已知飞机重心位置求指数大小

为了求出各类重心位置的指数大小,需要从配载包线图内的重心所在位置继续向最底部的指数比例区域作垂线进入,然后读出其对应的指数大小。

当重心位置介于图中给出的%MAC之间时,例如,本例中起飞重心位置就介于18%MAC与19%MAC之间,那就需要通过简单的插值估算得当前重心位置确切的%MAC值。本例中起飞重心的确切位置就应改为18.33%MAC。当然,配载包线图越大,插值估算的结果就越精确,但是在实际使用中并不要求达到这种精确程度。

### 求使用重量对应的重心位置

如果要想得到使用重量对应的重心位置,则直接从最上方的干使用指数刻度表直接作垂线进入燃油指数刻度表,根据燃油指数修正值的正负完成左右平移之后,继续作垂线进入配载包线图。最后在配载包线图纵轴上找到使用重量位置,并作横轴的平行线,与刚才垂线相交于一点,这就得到了使用重量对应的重心位置。

### 调整重心位置

在实际装载中如果需要调整当前重量下的重心位置,就得利用配平表查出拟移动或拟减少的货物重量、行李重量、乘客人数等等。使用配平表来进行重心调整的优点有二,其一是通过它可以非常直观地看到重心位置变化情况,其二是为了获知重量调整给重心位置带来的影响并不需要等到装卸载调整完毕之后。

**调整方法：**

先从配载包线图中当前重心位置向最下方的干使用指数横坐标作垂线，再从拟调整的新的重心位置向下方的干使用指数横坐标作垂线。

**注意，** 所做垂线应沿着配载包线图中的纵向网格线，而不是沿着代表％MAC位置的发散状射线。

在干使用指数横坐标上读出刚才所作两条垂线的距离差。此外根据箭头的指向，还能够判断出要将原重心位置调整到新重心位置应该增加舱段重量还是减少舱段重量。

例如，要将飞机现重心位置移动到18％MAC处，在作完两条垂线之后，可以通过以下数种方法来实现：

- ➤ 在前货舱中增加100 kg重量。
- ➤ 在后货舱中增加100 kg重量。
- ➤ 在客舱Oa中增加1名乘客。
- ➤ 在客舱Ob中增加1名乘客。
- ➤ 在客舱Oc中增加1名乘客。
- ➤ 客舱Od中的乘客人数变化对重心位置不产生影响。
- ➤ 从客舱Oe中减去1名乘客。
- ➤ 从客舱Of中减去1.5名乘客。
- ➤ 从客舱Og中减去1名乘客。

以上任一单一舱段的调整均可以实现将飞机重心位置移动到18％MAC处。

当增加或减少舱段重量不易操作或不够经济时，只有通过移动重量的方法来达到调整飞机重心位置的目的。在这种情况下，为了调整配平，就必须查出需要移动多少重量以及移动到什么位置。

**注意，** 如果通过增加或减少舱段重量的方式来调整重心位置时，飞机的总重量也会随之改变。

**方法：**

- ➤ 注意重心位置需要调整的方向。如果希望重心位置向前移动，就应该从后货舱向前货舱移动重量；反之依然。
- ➤ 如前所说，当从配载包线图中的原重心位置和新重心位置作垂线向上进入到货舱"4"和"1"的指数刻度栏时，需要注意各货舱刻度表上的重量指数差异。
- ➤ 找出重量指数差异值，然后减半。
- ➤ 这就是需要从后货舱向前货舱移动重量的大小。参照这一结果进行调整，最终就能够获得移动重心位置到预定位置的结果。
- ➤ 在将重量从后货舱向前货舱移动时，首先从原有重心位置向上作垂线进入货舱"4"对应刻度表，然后根据已求出的待移动重量向左平移；其次继续向上作垂线进入货舱"1"对应刻度表。
- ➤ 再次向左平移货舱"1"新重量大小（原有重量 ＋ 移动重量）所对应的距离。接下来向下作垂线重新进入货舱"4"对应刻度表。
- ➤ 然后向右平移货舱"4"新重量大小（原有重量 － 移动重量）所对应的距离。最后向下作垂线进入配载包线图，该垂线应该恰好过新重心所在位置。
- ➤ 如果要将行李或货物从前向后移动，那么就应该从货舱"1"开始重复以上步骤。

该方法也可用于确定乘客移动后的飞机重心位置。

**注意，** 舱段之间的重量移动仅影响飞机重心位置而不会改变飞机重量大小。

**解决超出比例尺范围的问题**

当舱段内装载的物体重量在舱段承载限制范围以内,而舱段却没有足够的空间容纳该物体时,则在舱段刻度表内进行平移就有可能超出刻度栏的正常范围。例如:

➤ 干使用指数为40.0。

➤ 货舱"1"装载重量为3 000 kg。

➤ 货舱"4"装载重量为4 000 kg。

1. 在配平表最上方的干使用指数刻度尺上找到40.0所在位置以后,首先向下作垂线进入货舱"4"所在刻度栏,其次向右移动4 000 kg重量对应距离,接下来从货舱"4"向上作垂线进入货舱"1"所在刻度栏。

2. 在向左移动3 000 kg重量对应距离之后,再向下作垂线进入客舱舱段Oa对应刻度栏。

3. 但凡遇到这类超出舱段刻度栏范围的问题,皆可如此解决。

# 针对MRJT1图表的练习

利用舱单和重心包线图,根据下表已知条件,回答以下5个关于飞机装载的问题:

| 中距离喷气运输机 | 干使用重量 | 33 000 kg | 重心位于站位650 |
|---|---|---|---|
| 机组 | 标准 | | |
| 商载 | 占座旅客141 | | |
| | 行李282 | 每件行李按标准货舱均匀装载考虑 | |
| 装载燃油 | 机翼油箱加满 | | |
| | 中央油箱 | 600 kg | |
| | 起动燃油 | 600 kg | |
| | 航程燃油 | 6 000 kg | |
| 襟翼设定 | 起飞襟翼15° | | |
| | 着陆襟翼40° | | |

1. 该飞机基本空机重量和重心位置是多少?

a. 32 580 kg,位于21.56%MAC

b. 32 580 kg,位于21.33%MAC

c. 32 550 kg,位于21.56%MAC

d. 32 550 kg,位于21.33%MAC

2. 该飞机总商载是多少?

a. 15 510 kg

b. 13 677 kg

c. 11 844 kg

d. 3 666 kg

3. 该飞机着陆时重心是多少?

a. 16.88%MAC

b. 16.68%MAC

c. 16.55%MAC

d. 16.51%MAC

4.该飞机起飞时的升降舵配平值是多少?

a. 3.75

b. 3.5

c. 3.25

d. 3.0

5. 如果不考虑飞行中的性能限制,飞机的缺载是多少?

a. 29 800 kg

b. 5 489 kg

c. 5 149 kg

d. 3 306 kg

利用CAP 696中的装载配平表,根据给出条件,回答问题6和7:

某飞机干使用重量为36 588 kg,干使用指数为50.0。现飞往目标机场XYZ,许可的着陆重量为50 900 kg,航程用油为1 950 kg。此外,飞机着陆时还剩余3 000 kg燃油。

6. 飞机的许可业载重量是多少?

a. 7 012 kg

b. 7 492 kg

c. 7 400 kg

d. 7 000 kg

7. 飞机的使用重量和重心是多少?

a. 39 588 kg,位于15%MAC

b. 39 588 kg,位于15.25%MAC

c. 41 538 kg,位于15.5%MAC

d. 41 538 kg,位于15.75%MAC

8. 某飞机干使用重量为34 000 kg,干使用指数为43.0,飞机商载重量包括:男性成年乘客60名且每人携带行李13 kg,货物总重600 kg。

该飞机受性能限制的最大起飞重量为57 000 kg,飞机受法规限制在目的地机场着陆时需剩余2 000 kg燃油。此外,飞机航程用油为7 000 kg。

飞机装置具体情况如下:

行李均放在前货舱。

货物均放在后货舱。

12名乘客位于客舱舱段Ob。

24名乘客位于客舱舱段Oc。

24名乘客位于客舱舱段Od。

从以下答案中选出完全正确的一组:

i. 缺载为7 580 kg

ii. 业载为14 000 kg

iii. 无燃油重量为40 420 kg

iv. 行李重量为780 kg

v. 乘客重量为5 060 kg

vi. 无燃油重心位置在限制范围以内

vii. 燃油指数修正为0.1

a. i, iii, iv, vii

b. i, ii, iv, v

c. ii, v, vi, vii

d. iii, iv, v, vii

9. 某飞机装载情况如下：

| 飞机 | 干使用重量34 000 kg | 干使用指数 43.0 |
|---|---|---|
| 商载 | | |
| 占座旅客按84千克/人 | 舱段 Ob 12 | |
| | 舱段 Oc 24 | |
| | 舱段 Od 24 | |
| 行李按13 kg每件 | 舱段 1　60 件 | |
| | 舱段 4　600 kg | |
| | | |
| 燃油 | 散货10 000 kg | |
| | 起动1 000 kg | |
| | 航程7 000 kg | |

求飞机无燃油重心和起飞重心，并从以下答案中选出最为接近的一个。注意，如果装载过程中飞机的重心超出限制范围，可以利用客舱舱段Od和Oe对乘客进行调整。

a. 分别为9％和11.5％

b. 分别为9.5％和11％

c. 分别为9％和11％

d. 分别为9.5％和11.5％

10. 某飞机干使用重量为33 470 kg，干使用指数为47.5，飞行中只考虑结构限制因素的影响。

机组为标准配置。

商载重量等于最大无燃油重量减去干使用重量。

从以下答案中选出完全正确的一组：

i. 商载为17 830 kg。

ii. 起飞燃油重量所对应的燃油修正指数为 – 5.7。

iii. 起飞燃油重量所对应的燃油修正指数为 – 6.3。

iv. 本次飞行可用载荷为29 330 kg。

v. 本次飞行可用载荷为29 780 kg。

vi. 起飞时中央油箱中燃油重量为2 410 kg。

vii. 起飞时中央油箱中燃油重量为2 416 kg。

viii. 起动、试车、滑行的可用燃油为260 kg。

ix. 起飞燃油为349 001 US Gal

a. ii, iii, vi, vii, ix

b. i, ii, v, vii, viii

c. i, iv, vi, vii, viii

d. ii,iv,vi,vii,ix

## 供问题1至5使用的舱单

最大允许飞机重量：

滑行重量 – _____    无燃油重量 – _____

起飞重量 – _____    着陆重量 – _____

| 项目 | 重量/kg | 力臂/in | 力矩/(×1 000 kg·in) | 重心/(%MAC) |
|---|---|---|---|---|
| 1. 干使用重量 | | | | |
| 2. A区占座旅客 | | 284.00 | | — |
| 3. B区占座旅客 | | 386.00 | | — |
| 4. C区占座旅客 | | 505.00 | | — |
| 5. D区占座旅客 | | 641.00 | | — |
| 6. E区占座旅客 | | 777.00 | | — |
| 7. F区占座旅客 | | 896.00 | | — |
| 8. G区占座旅客 | | 998.00 | | — |
| 9. 1号货舱 | | 367.9 | | — |
| 10. 4号货舱 | | 884.5 | | — |
| 11. 附加项 | | | | — |
| **无燃油重量** | | | | |
| 12. 1号和2号油箱 | | | | |
| 13. 中央油箱 | | | | |
| **滑行重量** | | | | |
| 扣除滑行燃油 | | | | |
| **起飞重量** | | | | |
| 扣除飞行燃油 | | | | |
| **预计着陆重量** | | | | |

供问题1至5使用的配载包线图

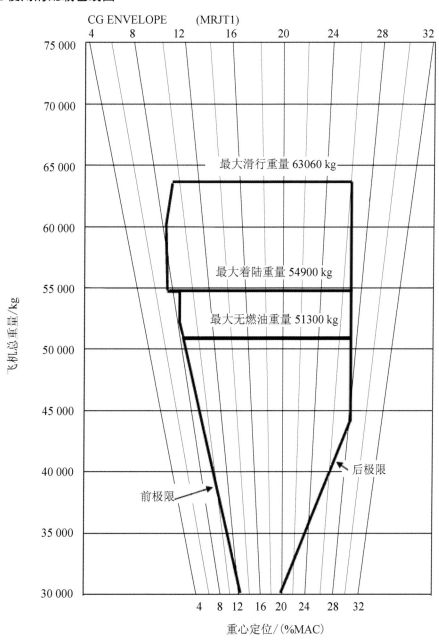

## 用于确定飞机重心位置的其余方法

到目前为止,求解飞机重心位置的方法有多种。这些方法不要求读者一一掌握,只需知道即可。

### 电子舱单

所有相关数据信息均通过计算机录入,然后由计算机计算并打印出装载配平表。

### 计算尺

还可以通过特制的计算尺计算出飞机相关重量大小、重心位置、重心调整、燃油消耗等内容。这类计算尺分为旋转式和伸缩式。

## 练习题答案

| | |
|---|---|
| 1. | c |
| 2. | a |
| 3. | b |
| 4. | c |
| 5. | d |
| 6. | b |
| 7. | d |
| 8. | a |
| 9. | b |
| 10. | b |

# 后记

作为国民经济和社会发展的重要行业,我国民航业伴随着整个国民经济的发展而不断壮大。目前我国已拥有全世界最先进的民航飞机,机队规模也稳居世界前列,为适应民航业的高速发展,对飞行员培养的要求进一步提高。

飞行员作为民航运输业重要的从业人员之一,对其培养更要专业化、系统化,以实现民航运输业的安全与高效。为此,中国民航飞行员协会特组织民航业有关学者、专家编译了本套航线运输飞行员理论培训教材。

在本套教材的准备阶段,要特别感谢杰普逊(Jeppesen)公司对中国民航飞行员协会的支持。杰普逊公司以其80多年来为全球飞行人员提供理论培训的经验,为全球航空飞行的安全性和高效性等做出了积极贡献。为了支持中国民航业的发展,杰普逊公司更是将本套航线运输飞行员理论培训教材的版权通过民航总局飞行标准司无偿赠予中国民航飞行员协会,并主动放弃版权页的署名权,以便相关专家、学者在编译过程中将内容本土化,使本套教材更加适合中国飞行学员的实际理论学习。

同时,还要特别感谢中国民用航空局飞行标准司、中国民用航空飞行学院、中国东方航空股份有限公司飞行安全技术应用研究院、大连海事大学出版社,以及相关民航单位与个人在编译、编审、出版等方面的大力支持,使得本套教材得以顺利出版。

航线运输飞行员理论培训教材,包括《航空气象》《通用导航》《无线电导航》《飞机结构与系统》《动力装置》《航空电气》《航空仪表》《飞行原理》《飞机性能》《飞机重量与平衡》《飞行计划》《航空法规》《人的因素》《运行程序》《通信》,共15本教材。编译过程中紧密围绕飞行员航线执照理论考试大纲,力求概念清楚、理论正确、重点突出、条理清晰、知识点全面,并注重理论和实践相结合,涵盖了飞行的基本原理、飞机结构、运行程序及人的因素等各方面,图文并茂,疏朗的文字结构非常符合飞行员的阅读和思考习惯。

希望本套教材可以优化飞行员培养,夯实飞行员专业基础知识,从源头上提高人才培养的质量效益。

同时也欢迎同行及各界人士对本套教材提出宝贵意见,帮助本套教材与时俱进,实现飞行员理论基础培养的可持续发展。

2017年6月